T0218227

# AutoUni – Schriftenreihe

## Band 141

**Reihe herausgegeben von/Edited by**
Volkswagen Aktiengesellschaft
AutoUni

Die Volkswagen AutoUni bietet Wissenschaftlern und Promovierenden des Volkswagen Konzerns die Möglichkeit, ihre Forschungsergebnisse in Form von Monographien und Dissertationen im Rahmen der „AutoUni Schriftenreihe" kostenfrei zu veröffentlichen. Die AutoUni ist eine international tätige wissenschaftliche Einrichtung des Konzerns, die durch Forschung und Lehre aktuelles mobilitätsbezogenes Wissen auf Hochschulniveau erzeugt und vermittelt.

Die neun Institute der AutoUni decken das Fachwissen der unterschiedlichen Geschäftsbereiche ab, welches für den Erfolg des Volkswagen Konzerns unabdingbar ist. Im Fokus steht dabei die Schaffung und Verankerung von neuem Wissen und die Förderung des Wissensaustausches. Zusätzlich zu der fachlichen Weiterbildung und Vertiefung von Kompetenzen der Konzernangehörigen fördert und unterstützt die AutoUni als Partner die Doktorandinnen und Doktoranden von Volkswagen auf ihrem Weg zu einer erfolgreichen Promotion durch vielfältige Angebote – die Veröffentlichung der Dissertationen ist eines davon. Über die Veröffentlichung in der AutoUni Schriftenreihe werden die Resultate nicht nur für alle Konzernangehörigen, sondern auch für die Öffentlichkeit zugänglich.

The Volkswagen AutoUni offers scientists and PhD students of the Volkswagen Group the opportunity to publish their scientific results as monographs or doctor's theses within the "AutoUni Schriftenreihe" free of cost. The AutoUni is an international scientific educational institution of the Volkswagen Group Academy, which produces and disseminates current mobility-related knowledge through its research and tailor-made further education courses. The AutoUni's nine institutes cover the expertise of the different business units, which is indispensable for the success of the Volkswagen Group. The focus lies on the creation, anchorage and transfer of knew knowledge.

In addition to the professional expert training and the development of specialized skills and knowledge of the Volkswagen Group members, the AutoUni supports and accompanies the PhD students on their way to successful graduation through a variety of offerings. The publication of the doctor's theses is one of such offers. The publication within the AutoUni Schriftenreihe makes the results accessible to all Volkswagen Group members as well as to the public.

**Reihe herausgegeben von/Edited by**
Volkswagen Aktiengesellschaft
AutoUni
Brieffach 1231
D-38436 Wolfsburg
http://www.autouni.de

Weitere Bände in der Reihe http://www.springer.com/series/15136

Samuel Schacher

# Das Mentorensystem Race Trainer

Konzept für ein semi-automatisches
Fahrertraining

 Springer

Samuel Schacher
AutoUni
Wolfsburg, Deutschland

Zugl.: Berlin, Technische Universität, Diss., 2019

Die Ergebnisse, Meinungen und Schlüsse der im Rahmen der AutoUni – Schriftenreihe veröffentlichten Doktorarbeiten sind allein die der Doktorandinnen und Doktoranden.

ISSN 1867-3635              ISSN 2512-1154   (electronic)
AutoUni – Schriftenreihe
ISBN 978-3-658-28134-2      ISBN 978-3-658-28135-9   (eBook)
https://doi.org/10.1007/978-3-658-28135-9

Die Deutsche Nationalbibliothek verzeichnet diese Publikation in der Deutschen National-bibliografie; detaillierte bibliografische Daten sind im Internet über http://dnb.d-nb.de abrufbar.

Springer ist ein Imprint der eingetragenen Gesellschaft Springer Fachmedien Wiesbaden GmbH und ist ein Teil von Springer Nature.
Die Anschrift der Gesellschaft ist: Abraham-Lincoln-Str. 46, 65189 Wiesbaden, Germany

# Danksagung

Diese Arbeit entstand in großen Teilen während meiner Zeit als Doktorand in der Volkswagen Konzernforschung im Team der Fahrdynamikforschung und zeigt auf, mit welchen technischen und konzeptionellen Ansätzen ein automatisiertes Fahrzeug zu einem Mentor für den Menschen werden kann. Durch die Entwicklung und Umsetzung der Algorithmen im Forschungsfahrzeug Race Trainer und durch das entwicklungsbegleitende Feedback von über 160 Testfahrern wurden ein ganzheitlicher Ansatz für ein semi-automatisches Fahrertraining entwickelt, regelungstechnische Herausforderungen der Fahrer-Fahrzeug Interaktion gelöst und neue Auslegungsmöglichkeiten für Fahrerassistenzsysteme gefunden. Ich bedanke mich dafür bei allen Weggefährten für die Unterstützung in den vergangenen fünf Jahren. Ich hatte das große Glück mit außergewöhnlich talentierten Leuten zu arbeiten.

Ein besonderer Dank gilt Herrn Prof. Dr.-Ing. habil. Rudibert King für die exzellente Betreuung und wertvollen Anregungen sowie dafür, dass seine Vorlesungen Begeisterung für die Regelungstechnik wecken. Ich bedanke mich zudem dafür, dass ich als externer Doktorand am Lehrstuhl für Mess- und Regelungstechnik der TU Berlin promovieren durfte und für die frühe Empfehlung, den Zweitgutachter bei diesem Thema außerhalb der Ingenieurwissenschaften zu suchen. Mein Dank an Prof. Dr.-Phil. habil. Mark Vollrath gilt deswegen, neben der Betreuung der Arbeit als Koreferent, auch für die inhaltlichen Anmerkungen bereits während der Umsetzung. Herrn Prof. Dr.-Ing. Kraume danke ich für die Übernahme des Prüfungsvorsitzes und die hervorragende Durchführung des Verfahrens.

I am also very thankful to Prof. J. Christian Gerdes for letting me join his excellent team of the Stanford DDL Lab in the summer of 2015 to learn about MPC design. He and every single one in the lab has to be credited for creating a supportive and encouraging environment that enables excellence in every Ph.D. student.

Insgesamt hatte ich das einmalige Erlebnis in fantastischen Teams in Wolfsburg, Stanford sowie Berlin zu arbeiten und spannende Fragestellungen unter sehr guten Randbedingungen zu erforschen. Diese Möglichkeit hätte ich nicht ohne meinen damaligen Chef Dr.-Ing. Felix Kallmeyer erhalten. Zu jeder Zeit hatte ich seine Unterstützung und konnte sowohl von großem Freiraum als auch von vielen fachlichen und überfachlichen Diskussion profitieren. Für das wiederholt in mich gelegte Vertrauen möchte ich mich sehr bedanke.

Den nachfolgenden Kapiteln würde zudem, ohne die Unterstützung von meinem VW seitigen Betreuer Dr.-Ing Jens Hödt, der fachliche und inhaltliche Feinschliff fehlen. Jens Hödt bin ich ebenfalls dankbar für die Geduld mich viele Ansätze ausprobieren zu lassen und auch für die Ermutigung diese Wege auch nach der ersten Sackgasse zu verfolgen. Das geteilte Interesse an Kulturthemen und den Austausch mittels audiovisueller Anschauungsobjekte habe ich sehr geschätzt.

Jeder aus dem Team der Fahrdynamikforschung hat entweder durch vorherige Arbeiten auf die ich aufbauen konnte, durch organisatorische Unterstützung oder durch fachliche und überfachliche Diskussionen zu dieser Arbeit beigetragen. Das außergewöhnlich gute Arbeitsklima im Büro, auf Testfahrten und auch die Aktivitäten außerhalb des Arbeitskontexts haben das tägliche Pendeln zwischen zwei Städten vergessen lassen. Durch die produktive Zusammenarbeit als Team auf den wiederholten Testfahrten in Hockenheim, Oschersleben, Most, Portimao, Thunderhill sowie Testgeländen der Volkswagen AG konnten jeweils enorme Fortschritte erzielt und Algorithmen entwickelt werden, die nicht nur in einem spezialisierten Szenario bestand haben.

Ich danke meinem Büro- und Doktorandenkollegen Dr.-Ing. Dennis Schaare dafür, immer als exzellenter Gesprächspartner bereitgestanden zu haben und für eine sehr gute Korrekturlesung dieser Arbeit. Dennis Schaare hat mir zudem dabei geholfen, den Verstand bei dem Wahnsinnsritt, den eine Promotion darstellt, zu bewahren.

Ich bedanke mich bei Dr. rer. nat. Andro Kleen für die hervorragende Zusammenarbeit im Race Trainer Projekt. Inhaltlich und in der Abstimmung der Fahrerinteraktion hat Andro Kleen mit seiner Hintergrund aus der Verkehrspsychologie zudem einen wertvollen Beitrag geleistet. Die vielen Präsentationsfahrten konnten deswegen alle so erfolgreich bewältigt werden, da wir zu einem exzellenten Team zusammenwuchsen. Die Effizienz und Verlässlichkeit, mit der wir uns zum Schluss auch bei neuen Herausforderungen abgestimmt und koordiniert haben, war außergewöhnlich.

Ebenfalls außergewöhnlich war die Zusammenarbeit mit jedem einzelnen aus der Werkstatt der Volkswagen Konzernforschung. Durch deren Fähigkeiten und Engagement ist aus einer Pflichtübung, dem Auf- und Umbau der drei Iterationen vom Race Trainer Versuchsträger, eine Quelle von positiven Erlebnissen geworden.

Ich danke Julia Bolewski, Robert Gieselmann, Jan Haneberg und Mario Oweisi für ihren engagierten Einsatz während Praktika und Abschlussarbeiten und für die Diskussionen zu und die Ausgestaltung von wichtigen Elementen des Mentorenkonzepts.

Ich danke meinen Doktorandenkollegen der TU Berlin für eine stets positive Aufnahme als externer Doktorand und die produktive Atmosphäre zum Schreiben sowie zum Vorbereiten auf die Verteidigung. Für zusätzliche Vorbereitungen auf die Disputation danke ich dem Konzernforum Mobilität-leben.

Um das Verständnis für und die Unterstützung bei meiner Auszeit zum Finalisieren der geschriebenen Arbeit danke ich meinen Kollegen aus dem Team der Forschung automatisches Fahren und meinen Vorgesetzten Dr.-Ing. Jens Langenberg, Dr.-Ing. Helge Neuner und Prof. Dr.-Ing. Thomas Form.

Ganz besonders danke ich meiner Familie. Ohne die bedingungslose und liebende Unterstützung meiner Eltern Karin und Dieter hätte ich nicht diese Zeilen schreiben können. Neben der Finanzierung meines Studiums sind es insbesondere der emotionale Rückhalt, ihre Lebenserfahrung und der mir ermöglichte Freiraum, durch den ich wachsen konnte. Meine Frau Nadine hat zudem einen riesigen Anteil am Erfolg dieser Arbeit. Ohne ihr offenes Ohr und vor allem Liebe hätte ich die Promotionszeit nicht überstanden. Für die unzähligen Male, die sie ihre Interessen für mich zurückgestellt hat, reicht kein Dank dieser Welt. Erst recht nicht für das größte Geschenk überhaupt, denn unsere wundervolle Tochter Mia Ada bereichert jeden Moment unseres Lebens.

# Inhaltsverzeichnis

# Abkürzungsverzeichnis

| | |
|---|---|
| ABS | Anti-Blockier-System |
| ADAC | Allgemeiner Deutscher Automobil Club |
| AvD | Automobilclub von Deutschland |
| ED | Eingriffsdominanz |
| EDR | Eingriffsdominanzregelung |
| EPS | Electric Power Steering |
| ESC | Elektronische Stabilitätskontrolle |
| ESM | Einspurmodell |
| FAS | Fahrerassistenzsystem |
| FDR | Fahrdynamikregelung |
| LDR | Längsdynamikregelung |
| LoHA | Level of Haptic Authority |
| LWR | Lenkwinkelregelung |
| MPC | Model Predictive Controller |
| PA | Planungsadaption |
| QDR | Querdynamikregelung |

# Symbolverzeichnis

| Symbol | Einheit | Beschreibung |
|---|---|---|
| $\alpha$ | rad | Schräglaufwinkel: Winkel zwischen Längsachse und Bewegungsrichtung des Reifens |
| $\alpha_h$ | rad | Schräglaufwinkel am Hinterrad des Einspurmodells |
| $\alpha_v$ | rad | Schräglaufwinkel am Vorderrad des Einspurmodells |
| $\alpha_{v,ref}$ | rad | Von der Bahnfolgeregelung gewünschter Schräglaufwinkel der Vorderräder |
| $\beta$ | rad | Schwimmwinkel des Fahrzeugs |
| $\delta_H$ | rad | Tatsächlicher Lenkradwinkel |
| $\delta_H^*$ | rad | Ritzelwinkel: Aus Zahnstangenposition $y_{zst}$ berechneter Lenkradwinkel |
| $\Delta\psi$ | rad | Winkelfehler zwischen Kurswinkel und Referenzwinkel |
| $\Delta t_{\text{Trainer}}^{\text{Intervall}}$ | s | Transitionsintervall für den Wechsel vom Trainings- auf das Sicherheitsprofil in der Geschwindigkeitsregelung |
| $\delta_v$ | rad | Tatsächlicher Radlenkwinkel |
| $\delta_v^*$ | rad | Aus Zahnstangenposition $y_{zst}$ berechneter Radlenkwinkel |
| $\delta_{v,ref}$ | rad | Von der Bahnfolgeregelung gewünschter Radlenkwinkel |
| $\kappa_R$ | $1/m$ | Krümmung der Referenzlinie |
| $\kappa_V$ | $1/m$ | Krümmung der als statisch angenommenen Kreisbahn, auf der sich das Fahrzeug bewegt |
| $\mu$ | 1 | Reibungsbeiwert der Kraftübertragung zwischen Reifen und Straße |
| $\varphi_V$ | rad | Wankwinkel des Fahrzeugs |
| $\psi_K$ | rad | Kurswinkel des Fahrzeugs |
| $\psi_R$ | rad | Winkel der Referenzlinie beziehungsweise Winkel des Tangentialvektors $\vec{t}_R$ im ortsfesten Koordinatensystem |
| $\psi$ | rad | Gierwinkel des Fahrzeugs |
| $\dot{\psi}$ | rad/s | Gierwinkelgeschwindigkeit des Fahrzeugs |
| $\Theta_{zz}$ | $kg\,m/s^2$ | Massenträgheitsmoment um den Fahrzeugschwerpunkt |

| Symbol | Einheit | Beschreibung |
|--------|---------|--------------|
| $\theta_V$ | rad | Nickwinkel des Fahrzeugs |
| $\vec{a}_{ges}$ | $m/s^2$ | Auf das Fahrzeug wirkende Gesamtbeschleunigung |
| $a_{max}$ | $m/s^2$ | Absolute Maximalbeschleunigung |
| $a_x$ | $m/s^2$ | Längsbeschleunigung |
| $\dot{a}_x$ | $m/s^3$ | Längsruck |
| $\dot{a}_{x,lim}$ | $m/s^3$ | Für die Berechnung des Geschwindigkeitsprofils vorgegebene Längsruckbegrenzung |
| $\dot{a}_{x,max}$ | $m/s^3$ | Durch die Fahrzeugträgheit bestimmter, maximaler Längsruck |
| $a_{x,ref}$ | $m/s^2$ | Referenzbeschleunigung entlang der gegebenen Referenzlinie |
| $a_{x,Trainer}$ | $m/s^2$ | Dem Fahrer empfohlenes Beschleunigungsprofil entlang einer gegebenen Referenzlinie |
| $a_y$ | $m/s^2$ | Querbeschleunigung |
| $c_\alpha$ | N/rad | Lineare Approximation der Reifenseitensteifigkeit |
| $c_{\alpha h}$ | N/rad | Lineare Approximation der Reifenseitensteifigkeit der Hinterräder |
| $c_{\alpha v}$ | N/rad | Lineare Approximation der Reifenseitensteifigkeit der Vorderräder |
| $d$ | m | Lateraler Abstand zwischen Referenzlinie und Fahrzeugschwerpunkt im Frenet-Koordinatensystem |
| $\vec{D}_0$ | $[m, 1, m^{-1}, m^{-2}]$ | Vorgegebener Startzustand der Relativtrajektorien |
| $d_{links}$ | m | Lateraler Abstand zwischen Referenzlinie und dem linken Straßenrand im Frenet-Koordinatensystem |
| $d_{rechts}$ | m | Lateraler Abstand zwischen Referenzlinie und dem rechten Straßenrand im Frenet-Koordinatensystem |
| $\vec{D}_{Ziel}$ | $[m, 1, m^{-1}, m^{-2}]$ | Gewünschter Endzustand der Relativtrajektorien |
| ED | 1 | Eingriffsdominanz |
| $ED^{CL}$ | 1 | Von Eingriffsdominanzregelung geforderte Eingriffsdominanz |
| $e_\delta$ | rad | Lenkwinkelfehler in Ritzelkoordinaten $\delta_H^*$ |
| $ED_{prop}$ | 1 | Vom Stellgesetz berechnete Eingriffsdominanz |

| Symbol | Einheit | Beschreibung |
|---|---|---|
| $F_{x,ref}^{Neg}$ | N | Vom Längsdynamikregler geforderte Reifenlängskräfte mit negativem Vorzeichen |
| $F_{x,ref}^{Pos}$ | N | Vom Längsdynamikregler geforderte Reifenlängskräfte mit positivem Vorzeichen |
| $F_{x,Safety}^{Neg}$ | N | Vom Längsdynamikregler als Sicherheitsgrenze geforderte Reifenlängskräfte mit negativem Vorzeichen |
| $F_{x,Trainer}^{Neg}$ | N | Vom Längsdynamikregler empfohlene Reifenlängskräfte mit negativem Vorzeichen |
| $F_{x,Trainer}^{Pos}$ | N | Vom Längsdynamikregler als Sicherheitsgrenze maximal erlaubte Reifenlängskräfte mit positivem Vorzeichen |
| $F_y$ | N | Querkraft |
| $F_{yh}$ | N | Reifenquerkräfte der Hinterräder |
| $F_{yv}$ | N | Reifenquerkräfte der Vorderräder |
| $F_{yv,ref}$ | N | Vom Bahnfolgeregler geforderte Querkraft der Vorderräder |
| $F_z$ | N | Normalkraft |
| $F_{zh}$ | N | Normalkraft auf der Hinterachse |
| $F_{zv}$ | N | Normalkraft auf der Vorderachse |
| $g$ | $m/s^2$ | Erdbeschleunigung |
| $i_{EPS}$ | rad/m | EPS-Getriebeübersetzung |
| $i_g$ | rad/m | Lenkgetriebeübersetzung |
| $i_l$ | rad/rad | Gesamtlenkübersetzung |
| $i_s$ | m/rad | Lenkgestängeübersetzung |
| $J_{Querplanung}$ | 1 | Kostenfunktional des Optimalsteuerproblems zur Bestimmung von Rückführtrajektorien |
| $J_{Relativplanung}$ | 1 | Kostenfunktional des Optimalsteuerproblems zur Bestimmung von Relativtrajektorien |
| $k_{dyn}$ | 1 | Linearer Gewichtungsfaktor auf die Trajektorienlänge zur Modifikation der Rückführungsdistanz |
| $k_{e_\delta}$ | 1 | P-Anteil der Lenkwinkelregelung |
| $k_{e_\delta}^{ED}$ | 1 | Variierbare P-Verstärkung der Lenkwinkelregelung zur Anpassung der Eingriffsdominanz |

| Symbol | Einheit | Beschreibung |
|---|---|---|
| $k_{e_\delta}^{max}$ | 1 | Maximale P-Verstärkung der Lenkwinkelregelung |
| $k_{e_\delta}^{min}$ | 1 | Minimale P-Verstärkung der Lenkwinkelregelung |
| $k^{OL,ED}$ | 1 | Variierbare Verstärkung der Vorsteuerung zur Anpassung der Eingriffsdominanz |
| $k_s$ | 1 | Gewichtungsfaktor auf die Trajektorienlänge zur Modifikation der Rückführungsdistanz |
| $k_x$ | $1/m$ | Gewichtungsfaktor auf die laterale Abweichung der Relativtrajektorien zum vorgegebenen Endzustand |
| $l_h$ | m | Abstand vom Fahrzeugschwerpunkt zur Hinterachse |
| $l_v$ | m | Abstand vom Fahrzeugschwerpunkt zur Vorderachse |
| $m$ | kg | Fahrzeugmasse |
| $m_h$ | kg | Anteilige Fahrzeugmasse auf der Hinterachse |
| $m_v$ | kg | Anteilige Fahrzeugmasse auf der Vorderachse |
| $M_{ActiveReturn}$ | Nm | Künstliches Reifenrückstellmoment von der Serienlenkung |
| $M_{Align}$ | Nm | Am Vorderrad wirkendes, natürliches Reifenrückstellmoment |
| $M_{Align,ref}$ | Nm | Vom Lenkwinkelregler kompensiertes Reifenrückstellmoment |
| $M_{Assist}$ | Nm | Direkte Lenkunterstützung der Serienlenkung |
| $M_{LWR}$ | Nm | Vom Lenkwinkelregler kommandiertes additives Lenkmoment |
| $M_{LWR}^{CL}$ | Nm | Regelungsanteil des additiven Lenkmoments vom Lenkwinkelregler |
| $M_{LWR}^{OL}$ | Nm | Vorsteuerungsanteil des additiven Lenkmoments vom Lenkwinkelregler |
| $M_{EPS}$ | Nm | Auf die Zahnstange des Lenksystems wirkendes Moment des EPS-Motors |
| $M_{Ext}$ | Nm | Von einer externen Steuereinheit additiv angefordertes Lenkmoment im Lenksystem |
| $M_H$ | Nm | Tatsächliches Lenkmoment vom Fahrer |
| $M_{LF}$ | Nm | Lenkmoment aller Lenkfunktionen der Serienlenkung |

| Symbol | Einheit | Beschreibung |
|--------|---------|--------------|
| $M_{\text{Mentor}}$ | Nm | Vom Mentorensystem kommandiertes additives Lenkmoment |
| $M_{\text{Mentor}}^{\text{CL}}$ | Nm | Regelungssanteil des vom Mentorensystem gewünschten additiven Lenkmoments |
| $M_{\text{Mentor}}^{\text{CL,ED}}$ | Nm | An Eingriffsdominanz angepasster Regelungssanteil des vom Mentorensystem gewünschten additiven Lenkmoments |
| $M_{\text{Mentor}}^{\text{norm}}$ | Nm | Auf das Nennmoment vom Elektromotor normalisiertes additives Lenkmoment vom Mentorensystem |
| $M_{\text{Mentor}}^{\text{OL}}$ | Nm | Vorsteuerungsanteil des vom Mentorensystem gewünschten additiven Lenkmoments |
| $M_{\text{Mentor}}^{\text{OL,ED}}$ | Nm | An Eingriffsdominanz angepasster Vorsteuerungsanteil des vom Mentorensystem gewünschten additiven Lenkmoments |
| $M_{\text{Mentor}}^{\text{SAT,ED}}$ | Nm | Variierbare Saturierung des Lenkmoments des Mentorensystems zur Anpassung der Eingriffsdominanz |
| $M_{\text{Mentor}}^{\text{SAT,max}}$ | Nm | Obere Saturierungsgrenze von $M_{\text{Mentor}}^{\text{SAT,ED}}$ |
| $M_{\text{Mentor}}^{\text{SAT,min}}$ | Nm | Untere Saturierungsgrenze von $M_{\text{Mentor}}^{\text{SAT,ED}}$ |
| $M_{\text{Tdyn}}$ | Nm | Nicht gemessener, dynamischer Anteil im Lenkmoment vom Fahrer |
| $M_{\text{Tstat}}$ | Nm | Gemessener, statischer Anteil im Lenkmoment vom Fahrer |
| $M_{\text{Tstat}}^{\text{norm}}$ | Nm | Mit Messauflösung normalisiertes Lenkmoment vom Fahrer |
| $n_{\text{k}}$ | m | Konstruktiver Reifennachlauf: Distanz zwischen Drehpunkt der Lenkachse und dem Reifenmittelpunkt |
| $n_{\text{r}}$ | m | Pneumatischer Reifennachlauf: Distanz zwischen Reifenmittelpunkt und Angriffspunkt der Querkräfte |
| $n_{\text{v}}$ | m | Vollständiger Reifennachlauf: Hebelarm der Reifenquerkräfte auf die Zahnstange der Lenkung |
| $\vec{n}_{\text{R}}$ | m | Normalenvektor der Frenet-Koordinaten im ortsfesten Koordinatensystem |
| $N_{\text{Traj}}$ | 1 | Gesamtanzahl generierter Relativtrajektorien |

| Symbol | Einheit | Beschreibung |
|---|---|---|
| $N_{\text{Traj,Fahrbar}}$ | 1 | Anzahl Relativtrajektorien mit fahrbarem Kurven- und Geschwindigkeitsverlauf |
| PA | 1 | Planungsadaption |
| $s$ | m | Bogenlänge, beziehungsweise Position entlang der Referenzlinie im Frenet-Koordinatensystem |
| $s_0$ | m | Startposition eines Berechnungsintervals auf der Referenzlinie |
| $\Delta s$ | m | Abtastschrittweite der Geschwindigkeitsberechnung |
| $s_e$ | m | Endposition eines Berechnungsintervals auf der Referenzlinie |
| $s_{e,\text{opt}}$ | m | Länge der rückführenden Relativtrajektorie |
| $S_{\text{Krit}}$ | 1 | Situationskritikalität anhand des Verhältnisses von fahrbaren zu insgesamt betrachteten Trajektorien |
| $S_{\text{Krit}}^{\text{Aktivierung}}$ | 1 | Situationskritikalitätswert als Aktivierungsschranke der Eingriffsdominanzregelung |
| $s_{\text{max}}$ | m | Vollständige Länge der Referenzlinie im Frenet-Koordinatensystem |
| $\vec{t}_R$ | m | Tangentialvektor der Frenet-Koordinaten im ortsfesten Koordinatensystem |
| $u_{\text{BP,Fahrer}}$ | bar | Vom Fahrer erzeugter Bremsdruck |
| $u_{\text{BP,Mentor}}$ | bar | An das Fahrzeug kommandierter Bremsdruck |
| $u_{\text{BP,Trainer}}$ | bar | Dem Fahrer empfohlener Bremsdruck |
| $u_{\text{GP,Fahrer}}$ | 1 | Vom Fahrer gewünschte Gaspedalstellung |
| $u_{\text{GP,Mentor}}$ | 1 | An das Fahrzeug kommandierte Gaspedalstellung |
| $u_{\text{GP,Mischung}}$ | 1 | Vom Regelfehler abhängige Mischung aus $u_{\text{GP,Fahrer}}$ und $u_{\text{GP,Trainer}}$ zur stufenlosen Entkopplung des Fahrers |
| $u_{\text{GP,Trainer}}$ | 1 | Dem Fahrer empfohlene Gaspedalstellung |
| $v$ | m/s | Absolute Geschwindigkeit im Fahrzeugschwerpunkt |
| $\vec{v}_{\text{cog}}$ | m/s | Vektorielle Geschwindigkeit im Fahrzeugschwerpunkt |
| $\vec{v}_h$ | m/s | Vektorielle Geschwindigkeit am Hinterrad des Einspurmodells |
| $\vec{v}_v$ | m/s | Vektorielle Geschwindigkeit am Vorderrad des Einspurmodells |

| Symbol | Einheit | Beschreibung |
|---|---|---|
| $v_\mathrm{x}$ | m/s | $X$-Komponente der Fahrgeschwindigkeit |
| $\hat{v}_\mathrm{x}$ | m/s | Für die Relativtrajektorie berechnetes Geschwindigkeitsprofil |
| $v_\mathrm{x,lim}$ | m/s | Durch Motorleistung oder gewollte Einschränkung bestimmte Geschwindigkeitsgrenze |
| $v_\mathrm{x,max}$ | m/s | Durch Motorleistung und Querbeschleunigungspotential festgelegte Höchstgeschwindigkeit |
| $v_\mathrm{x,max}^{*}$ | m/s | Durch Querbeschleunigungspotential festgelegte Höchstgeschwindigkeit |
| $v_\mathrm{x,Par0}$ | m/s | Ohne Modifikationsparameter berechnetes Geschwindigkeitsprofil entlang der gegebenen Referenzlinie: entspricht dem maximalen Geschwindigkeitsprofil |
| $v_\mathrm{x,ref}$ | m/s | Referenzgeschwindigkeit entlang der gegebenen Referenzlinie |
| $v_\mathrm{x,RI}$ | m/s | Zwischenergebnis der Rückwärtsintegration bei Berechnung der Referenzgeschwindigkeit |
| $v_\mathrm{x,Safety}$ | m/s | Geschwindigkeitsprofil, das während eines Fahrertrainings nicht überschritten werden darf |
| $v_\mathrm{x,Trainer}$ | m/s | Dem Fahrer empfohlenes Geschwindigkeitsprofil entlang einer gegebenen Referenzlinie |
| $v_\mathrm{x,VI}$ | m/s | Zwischenergebnis der Vorwärtsintegration bei Berechnung der Referenzgeschwindigkeit |
| $v_\mathrm{y}$ | m/s | $Y$-Komponente der Fahrgeschwindigkeit |
| $v_\mathrm{z}$ | m/s | $Z$-Komponente der Fahrgeschwindigkeit |
| $X$ | m | $x$-Koordinate im horizontierten Fahrzeugkoordinatensystem |
| $x_\mathrm{E}$ | m | $x$-Koordinate im ortsfesten Koordinatensystem |
| $x_\mathrm{V}$ | m | $x$-Koordinate im Fahrzeugkoordinatensystem |
| $Y$ | m | $y$-Koordinate im horizontierten Fahrzeugkoordinatensystem |
| $y_\mathrm{E}$ | m | $y$-Koordinate im ortsfesten Koordinatensystem |
| $y_\mathrm{V}$ | m | $y$-Koordinate im Fahrzeugkoordinatensystem |
| $y_\mathrm{zst}$ | m | Zahnstangenposition im Lenksystem |

| Symbol | Einheit | Beschreibung |
|--------|---------|--------------|
| $Z$ | m | $z$-Koordinate im horizontierten Fahrzeugkoordinatensystem |
| $\vec{z}_e$ | m | Zielmannigfaltigkeit im Endzustand zur Berechnung von Relativtrajektorien |
| $z_E$ | m | $z$-Koordinate im ortsfesten Koordinatensystem |
| $z_V$ | m | $z$-Koordinate im Fahrzeugkoordinatensystem |

# 1 Einleitung

Diese Arbeit wurde im Rahmen des Forschungsprojekts „Volkswagen Golf R Race Trainer" der Volkswagen AG Konzernforschung erstellt und beschreibt ein Fahrerassistenzsystem (FAS), das einem Menschen das Fahren auf einer Rennstrecke beibringt. Teilergebnisse wurden im Herbst 2016 der Presse gezeigt [Har16], sowie 2018 vom Autor publiziert [SHK18, SK18, SHHK19].

Um die Anzahl der Verkehrsunfälle zu reduzieren, wurden in den vergangenen Jahrzehnten viele elektronische Systeme entwickelt, die den Fahrer auf unterschiedliche Arten unterstützen. Funktionen wie das Anti-Blockier-System (ABS) oder die Elektronische Stabilitätskontrolle (ESC) verhindern ein Festbremsen der Räder oder korrigieren die Fahrtrichtung bei Über- oder Untersteuern. Diese Funktionen erweitern die Fähigkeiten des Fahrers durch Eingriffe auf Basis von Regelungsalgorithmen. Bei mangelnder Aufmerksamkeit des Menschen greifen Fahrspur- und Notbremsassistenten ein, die den Fahrer beim Verlassen der Spur warnen oder die Geschwindigkeit vor einer drohenden Kollision verringern. Mittlerweile existieren Systeme, die das Fahrzeug besser als viele Fahrer bewegen können. Beispiele hierfür sind in Serie verfügbare Einparkassistenten und Regelungssysteme automatischer Fahrzeuge im Grenzbereich [GKMBS09]. Dadurch entsteht der Wunsch, dass das hochtechnisierte Fahrzeug dem Menschen sein Wissen vermittelt:

Der Roboter übernimmt die Rolle eines Fahrtrainers.

Ein traditionelles Szenario für das Vermitteln von Wissen ist ein Fahrsicherheitstraining unter fachlicher Anleitung eines menschlichen Trainers. Dies dient zum Erleben und Verstehen der fahrdynamischen Grenzen eines Automobils. Eine spezielle Ausprägung stellt das Fahrertraining auf einer Rennstrecke dar. Um das Fahrzeug auf der zeitlich optimalen Linie zu führen, der sogenannten Ideallinie, muss der richtige Einlenk- und Bremspunkt getroffen werden. Rennfahrer bewegen das Fahrzeug dabei im fahrdynamischen Grenzbereich – die gewünschte Spur zu halten wird dadurch besonders schwierig. Ungeübte Fahrer kann das Erlernen dieser Techniken überfordern oder sogar gefährden. Hier sollen semi-automatische Fahrfunktionen eingesetzt werden, um die Trainingsinhalte besser zu vermitteln und das Gefährdungspotential zu reduzieren.

Gesucht wird ein FAS, das den Schüler instruiert, schützt und sich an ihn anpasst: ein virtueller Mentor. Ein Mentor ist ein erfahrener Berater, der mit Hinweisen und Empfehlungen den Lernprozess fördert. Darüber hinaus sollte ein Mentor immer berücksichtigen, ob der Schüler eigene Erfahrungen sammeln darf, oder ob er Unterstützung benötigt. Ein FAS, das als Mentorensystem aktiv in die Längs- und Querführung eingreift, wird zu hohe Geschwindigkeiten proaktiv ausregeln, den Fahrer beim Lenken unterstützen und ist an das Können des Fahrers angepasst. Um den Fahrer an die Strecke zu gewöhnen, wird der virtuelle Mentor eine große Bandbreite der Fahrerunterstützung ermöglichen: von der vollautomatischen Fahrt bei moderaten Geschwindigkeiten über starke Unterstützung bis hin zur überwachten,

© Springer Fachmedien Wiesbaden GmbH, ein Teil von Springer Nature 2019
S. Schacher, *Das Mentorensystem Race Trainer*, AutoUni – Schriftenreihe 141,
https://doi.org/10.1007/978-3-658-28135-9_1

manuellen Fahrt im fahrdynamischen Grenzbereich. Die sogenannte kooperative Fahrzeugführung zwischen Mensch und Maschine, also das gleichzeitige Einwirken auf das Fahrzeug, wurde auf der Rennstrecke bisher wenig erforscht. Die Interaktion mit dem Fahrer ist
hierbei von zentraler Bedeutung und ein kooperativ agierendes FAS stellt neue Herausforderungen an den Systementwurf.

Diese Arbeit diskutiert die Ansätze und Hintergründe neuer Planungs- und Regelungsverfahren des virtuellen Mentors und beschreibt eine konkrete Umsetzung als kooperatives
FAS. Der Einfluss des Fahrers hat dabei so große Auswirkungen auf das Gesamtsystem,
dass die bisherigen Methoden und Auslegungsempfehlungen von FAS erweitert werden
mussten. Die gewünschte Kooperation hat erheblichen Einfluss auf übliche Stabilitäts- und
Performanceannahmen eines Regelkreises. Möchte man den menschlichen Fahrer eigene
Erfahrungen machen lassen, rücken klassische Regelungsziele wie eine gute Spurführung
in den Hintergrund. In kritischen Fahrsituationen ist der Einfluss des Fahrers hingegen problematisch, da das Regelungssystem nicht über die volle Fahrzeugkontrolle verfügt. Diese
Arbeit prägt unter dem Begriff „Mentorensystem" ein situatives Verständnis von Führungs-
größen und stellt eine Systemarchitektur vor, mit der die widersprüchlichen Anforderungen
eines kooperativen Fahrertrainings zusammengeführt werden. Die Eignung der Systemarchitektur wurde auf verschiedenen Rennstrecken erprobt und ausgewertet.

Kapitel 2 stellt die relevanten Grundlagen der Fahrzeugdynamik vor und zeigt ein kom-
plettes Regelungskonzept für die vollautomatische Fahrt auf der Rennstrecke, noch ohne
Anpassungen an die Fahrerinteraktion oder dem Zweck als Trainer zu agieren. In Kapitel 3 wird das Konzept von „Mentorensystemen" hergeleitet und in den Kontext bisheriger Forschungen zu FAS eingeordnet. Eine detaillierte Analyse der Herausforderungen und
Einschränkungen von Regelungsansätzen in der kooperativen Fahrt sowie die Herleitung
des Wunschverhaltens eines virtuellen Mentors führen letztlich zur Beschreibung neuer
Lösungsansätze, die im weiteren Teil der Arbeit verfolgt werden. Kapitel 4 zeigt die Anpassung der Sollgrößen an das neue Wunschverhalten. Kapitel 5 beschäftigt sich mit dem
Aspekt der Unterstützungsintensität in der kooperativen Quer- und Längsregelung. Kapitel
6 führt diese Elemente zusammen und zeigt die Umsetzung sowie Messfahrten des kooperativen „Mentorensystems" auf der Rennstrecke. Zum Schluss dieser Arbeit wird in Kapitel 7 ein Ausblick erarbeitet, wie das „Mentorensystem" erweitert werden kann, um das
menschliche Fahrkönnen als eigentliche Regelgröße zu betrachten. Dies kann den Entwurf
zukünftiger „Mentorensysteme" weiter vereinfachen.

# 2 Grundlagen

Begonnen wird mit einem kurzen Einblick in die Fahrzeugdynamik, der wichtige Grundlagen für Reglerentwurf und Fahrerinteraktion liefert. Anschließend steht zunächst die vollautomatische Fahrt ohne Fahrerinteraktion im Vordergrund, da diese das objektive Regelungsziel eines Fahrzeugführungssystems auf einer Rennstrecke darstellt. Für eine automatische Fahrfunktion muss der menschliche Fahrer durch regelungstechnische Methoden nachgebildet werden. Dieses Kapitel zeigt eine mögliche Umsetzung für die vollautomatische Fahrt im Grenzbereich. Die Aufgabe der Planung des zu fahrenden Wegs und die Berechnung der Geschwindigkeit wird zuerst vorgestellt. Im letzten Teil folgen Methoden für die Quer- und Längsregelung.

## 2.1 Fahrdynamik von Kraftfahrzeugen

In diesem Abschnitt werden einige Zusammenhänge der Fahrzeugdynamik vorgestellt. Den Anfang machen die verwendeten Koordinatensysteme, von denen das Frenet-System eine besondere Bedeutung für die Bahnplanung und Regelung hat. Für die Modellierung der Fahrzeugbewegung wird das Einspurmodell der Fahrdynamik vorgestellt. Zuletzt erfolgt eine Einleitung in mechanische und elektromechanische Zusammenhänge im Lenksystem. Diese sind für das Lenkgefühl des Fahrers und die Stellgrößenbeschränkungen der Fahrzeugregelung relevant.

### 2.1.1 Koordinatensysteme

Bewegungen eines Fahrzeugs können in unterschiedlichen Bezugssystemen angegeben werden. Am häufigsten finden „ortsfeste" und „fahrzeugfeste" Koordinatensysteme Verwendung. Ortsfeste Koordinatensysteme können die aktuelle Fahrzeugposition in global einheitlichen Weltkoordinaten wiedergeben oder sich auf einen festen Punkt entlang der Fahrstrecke beziehen. Global einheitliche Weltkoordinaten sind zwar ideal für Zwecke der Navigation, in der Anwendung jedoch durch aufwendige Umrechnungen unpraktischer als Koordinatensysteme mit einem lokalen Bezugspunkt. In einem lokalen System lassen sich die Koordinaten einfacher und effizienter in Berechnungen verwenden, um beispielsweise die Streckenränder von in dieser Arbeit betrachteten Rundkursen abzuspeichern. Abbildung 2.1 zeigt rechts das rechtwinklige Achsensystem $x_E$, $y_E$ und $z_E$, das fix auf der gezeigten Ebene liegt und sich nicht mit der Fahrzeugposition ändert. In dieser Abbildung sind im Fahrzeugschwerpunkt zwei weitere Achsensysteme eingezeichnet: die $X$-Achse des horizontierten Hilfssystems $X$, $Y$ und $Z$ weist in Fahrzeuglängsrichtung, die $X$ und $Y$-Achsen bleiben aber immer parallel zur Ebene. Demgegenüber folgen die Achsen des fahrzeugfesten Koordinatensystems $x_V$, $y_V$ und $z_V$ auch der Nick- und Wankbewegung des Fahrzeugs. Fahrzeugfeste Koordinatensysteme eignen sich gut zur Beschreibung von fahrdynamischen Vorgängen.

© Springer Fachmedien Wiesbaden GmbH, ein Teil von Springer Nature 2019
S. Schacher, *Das Mentorensystem Race Trainer*, AutoUni – Schriftenreihe 141,
https://doi.org/10.1007/978-3-658-28135-9_2

Der Gierwinkel $\psi$ wird als der Winkel zwischen der ortsfesten $x_E$-Achse und der fahrzeug-festen $x_V$-Achse um $z_E$ definiert, der Nickwinkel $\theta_V$ als die Verdrehung der $x_V$-Achse zur horizontierten $X$-Achse um die $Y$-Achse und der Wankwinkel $\varphi_V$ als Winkel zwischen der $y_V$-Achse und der horizontierten $Y$-Achse um die fahrzeugfeste $x_V$-Achse.

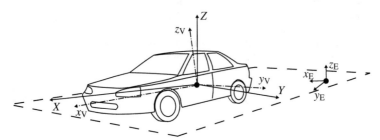

**Abbildung 2.1:** Ortsfestes und fahrzeugbezogenes Koordinatensystem [Deu13]

Der Geschwindigkeitsvektor im Schwerpunkt (center of gravity) $\vec{v}_{cog}$ in Abbildung 2.2 (a) beschreibt die vektorielle Geschwindigkeit des Fahrzeugs im ortsfesten Koordinatensystem. Die Komponenten $v_x$, $v_y$ und $v_z$ sind im horizontierten Hilfssystem $X$, $Y$ und $Z$ angegeben. Der Kurswinkel $\psi_K$ ist die Drehung des Geschwindigkeitsvektors $\vec{v}_{cog}$ um die ortsfeste $z_E$-Achse und zeigt damit in die tatsächliche Bewegungsrichtung des Fahrzeugs. Diese muss nicht mit der Ausrichtung der Längsachse übereinstimmen. Die Differenz zwischen Kurs- und Gierwinkel wird deswegen als Schwimmwinkel

$$\beta = \psi_K - \psi = \arctan\frac{v_y}{v_x} \tag{2.1}$$

definiert und kann auch über die Geschwindigkeitskomponenten $v_x$ und $v_y$ berechnet werden.

Eine weitere Möglichkeit, ein Koordinatensystem zu definieren, ist das System relativ zu mathematischen Kurven darzustellen, wie sie beispielsweise durch Frenet-Kurven gegeben sind. Die später eingeführte Referenztrajektorie des Fahrzeugs wird als Frenet-Kurve definiert, die eindeutig durch die Bogenlänge $s$, die Referenzkrümmung $\kappa_R(s)$ und die Startposition im ortsfesten Koordinatensystem parametrisiert wird [Küh10]. Eine Eigenschaft dieser Frenet-Kurven ist die, dass für jeden Punkt entlang der Kurve zwei linear unabhängige Vektoren, der Tangentialvektor $\vec{t}_R$ und der Normalenvektor $\vec{n}_R$, definiert werden können. So wird ein orthogonales Bezugsystem gebildet. Wird nun die Position vom Fahrzeugschwerpunkt rechtwinklig auf die Referenzlinie projiziert, kann die Position im sogenannten Frenet-Koordinatensystem eindeutig durch den Weg $s(t)$ entlang der Kurve zum Zeitpunkt $t$ und den lateralen Abstand $d(s)$ in $\vec{n}_R$-Richtung angegeben werden. Diese Zusammenhänge sind in Abbildung 2.2 (b) illustriert. Für die spätere Fahrzeugregelung ist zusätzlich noch der Kurswinkelfehler $\Delta\psi = \psi_K - \psi_R$ wichtig.

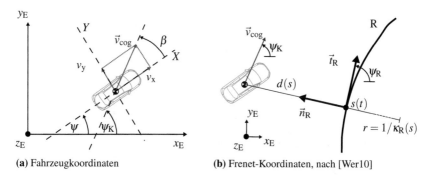

**(a)** Fahrzeugkoordinaten      **(b)** Frenet-Koordinaten, nach [Wer10]

**Abbildung 2.2:** Geschwindigkeits- und Winkelbeziehungen in Fahrzeug- und Frenet-Koordinaten

### 2.1.2 Einspurmodell der Fahrzeugdynamik

Eine häufig eingesetzte Abstraktion der Fahrzeugbewegung stellt das sogenannte Einspurmodell (ESM) der Fahrdynamik dar [Mit03], das die querdynamische Bewegung eines Fahrzeugs auf wenige Gleichungen vereinfacht. Das Fahrzeug wird auf eine Längsachse reduziert und die Vorder- und die Hinterräder werden jeweils zu einem Rad zusammengefasst. Für eine umfangreiche Modellierung der Kräfte an allen vier Rädern wird auf [Hoe13] verwiesen. Um die Komplexität für die anschließende Herleitung zu verringern, werden zur Modellierung mehrere Annahmen getroffen: konstante Fahrzeuglängsgeschwindigkeit $v_x$, keine Hub-, Wank- und Nickbewegungen, Fahrzeugmasse $m$ zusammengefasst im Schwerpunkt, Querkräfte $F_y$ greifen mittig am Reifen an und Längs- $F_x$ und Normalkräfte $F_z$ werden vernachlässigt. Zudem werden die Gleichungen oft durch die Annahme kleiner Lenkwinkel $\delta_v$ und Schräglaufwinkel $\alpha$ linearisiert. Trotz der Vereinfachungen ist das Einspurmodell gut geeignet, um fahrdynamische Grundlagen herzuleiten und Zusammenhänge zu beschreiben. Wichtige Kenngrößen des Einspurmodells sind die Gierwinkelgeschwindigkeit $\dot{\psi}$ und der Schwimmwinkel $\beta$. Abbildung 2.3 zeigt die Vereinfachung auf eine Längsachse und die relevanten Größen.

Zur Herleitung der Bewegungsgleichung wird das Kräfte- und Momentengleichgewicht im Schwerpunkt gebildet. Mit den Reifenkräften vorne $F_{yv}$ und hinten $F_{yh}$ kann über

$$\sum F_y = m a_y = \cos(\delta_v) \cdot F_{yv} + F_{yh} \tag{2.2}$$
$$\sum M_z = \Theta_{zz} \ddot{\psi} = \cos(\delta_v) \cdot F_{yv} \cdot l_v - F_{yh} \cdot l_h \tag{2.3}$$

die Fahrzeugbewegung berechnet werden. Die Hauptaufgabe besteht nun darin, die Reifenkräfte $F_{yv}$ und $F_{yh}$ zu bestimmen. Die vom Reifen maximal übertragbare Kraft ist abhängig

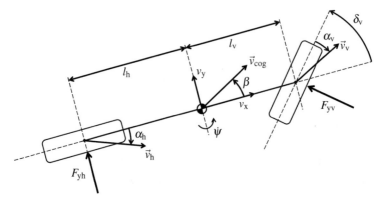

**Abbildung 2.3:** Einspurmodell der Fahrdynamik, nach [Mit03]

von der Normalkraft $F_z$, dem Reibwert zwischen Straße und Reifen $\mu$ sowie weiteren Reifeneigenschaften wie der Reifendimension und Gummimischung.

$$F_{\text{yv,max}} = f(F_{\text{zv}}, \mu, \ldots) , \qquad \text{mit} \quad F_{\text{zv}} = g \cdot m_\text{v} \quad \text{und} \quad m_\text{v} = m \cdot \frac{l_\text{h}}{l_\text{v} + l_\text{h}} \qquad (2.4)$$

$$F_{\text{yh,max}} = f(F_{\text{zh}}, \mu, \ldots) , \qquad \text{mit} \quad F_{\text{zh}} = g \cdot m_\text{h} \quad \text{und} \quad m_\text{h} = m \cdot \frac{l_\text{v}}{l_\text{v} + l_\text{h}} \qquad (2.5)$$

Die Ausnutzung dieser maximal übertragbaren Kraft ist jedoch hauptsächlich vom Schräglaufwinkel $\alpha$ abhängig, sodass für die Modellierung die Vereinfachung

$$F_{\text{yv}} = f(\alpha_\text{v}, F_{\text{yv,max}}) \qquad \text{und} \qquad F_{\text{yh}} = f(\alpha_\text{h}, F_{\text{yh,max}}) \qquad (2.6)$$

zulässig ist. Der Schräglaufwinkel ist nach Abbildung 2.3 der Winkel zwischen der Mittelachse des jeweiligen Reifens und seinem Geschwindigkeitsvektor. Dessen Herleitung in [Hoc13] nutzt den Satz von Euler und führt auf die Gleichungen (2.7) und (2.8).

$$\alpha_\text{v} = \delta_\text{v} - tan^{-1}\left(\frac{v\sin(\beta) + \dot{\psi}l_\text{v}}{v\cos(\beta)}\right) \qquad (2.7)$$

$$\alpha_\text{h} = -tan^{-1}\left(\frac{v\sin(\beta) - \dot{\psi}l_\text{h}}{v\cos(\beta)}\right) \qquad (2.8)$$

Die Beziehung zwischen Schräglaufwinkel und Kraft nach Gleichung (2.6) wird meist durch mathematische Funktionen angenähert. Eine dieser mathematischen Funktionen ist das „Magic Formula Tyre Model" nach [PB12] welches mittels

$$f_{\text{Pacejka}}(\alpha) = D\sin\left(C\arctan\left(B\alpha - E\left(B\alpha - \arctan B\alpha\right)\right)\right) \qquad (2.9)$$

eine Approximation der realen Reifenkennlinie ermöglicht. Die Auslegung der Formfaktoren $D, C, B, E$ erfolgt beispielsweise durch den Vergleich mit einer realen Messung, wie sie in Abbildung 2.4 durch den dünnen dunkelblauen Verlauf $F_{\text{y,Messung}}$ gezeigt ist. Die dick hellgrün eingezeichnete Kurve $F_y = f_{\text{Pacejka}}$ zeigt eine mögliche Nachbildung, die sich im Anschluss leichter in Modellierungen einsetzen lässt. Erkennbar ist zudem, dass der Kraftaufbau im Bereich kleiner Schräglaufwinkel nahezu linear ist und durch $F_y = c_\alpha \cdot \alpha$ mit der so genannten Schräglaufsteifigkeit $c_\alpha$ angenähert werden kann.

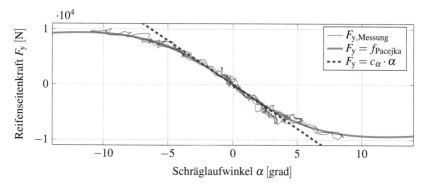

**Abbildung 2.4:** Reifenseitenkraft des Pacejka Models, parametriert anhand eigener Messdaten

Mit dieser Erkenntnis soll das Einspurmodell noch weiter vereinfacht werden, wodurch eine geschlossen lösbare Formulierung der Fahrzeugdynamik möglich wird. Um das Einspurmodell vollständig zu linearisieren, werden folgende Annahmen getroffen: kleine Radlenk- $\delta_v$ und Schräglaufwinkel $\alpha$ und geringe Querbeschleunigungen: $|a_y| \leq 4\frac{m}{s^2}$. Dadurch können Winkelbeziehungen vereinfacht werden und der Kraftaufbau im Reifen ist durch zwei einfache Parameter $c_{\alpha v}$ und $c_{\alpha h}$ bestimmbar. Durch die Annahme kleiner Winkel folgen

$$F_{yv} = c_{\alpha v}\alpha_v \,, \qquad \text{mit} \qquad \alpha_v = \delta_v - \beta - \frac{\dot{\psi} l_v}{v_x} \tag{2.10}$$

$$F_{yh} = c_{\alpha h}\alpha_h \,, \qquad \text{mit} \qquad \alpha_h = -\beta + \frac{\dot{\psi} l_h}{v_x} \tag{2.11}$$

Das Kräftegleichgewicht (2.2) und das Momentengleichgewicht (2.3) können durch (2.10) und (2.11) unter der Annahme kleiner Winkel linearisiert werden. Im Kräftegleichgewicht wird zusätzlich nach [Hoc13] die Querbeschleunigung $a_y$ über

$$a_y = v\cos(\beta)(\dot{\psi} + \dot{\beta}) \,. \tag{2.12}$$

mit $v\cos(\beta) = v_x$ vereinfacht. Die entstehenden Gleichungen

$$m v_x \cdot (\dot{\psi} + \dot{\beta}) = c_{\alpha v}\alpha_v + c_{\alpha h}\alpha_h$$

$$\Theta_{zz}\ddot{\psi} = c_{\alpha v}\alpha_v \cdot l_v - c_{\alpha h}\alpha_h \cdot l_h$$

werden nun mit dem Ziel einer Zustandsraumdarstellung umgeformt. Nach Einsetzen von (2.10) und (2.11) erhält man die Gleichungen

$$mv_x \cdot \dot{\beta} = -(c_{\alpha v} + c_{\alpha h})\beta - (mv_x^2 + c_{\alpha v}l_v - c_{\alpha h}l_h)\frac{\dot{\psi}}{v_x} + c_{\alpha v}\delta_v, \qquad (2.13)$$

$$\Theta_{zz}\ddot{\psi} = (-c_{\alpha v}l_v + c_{\alpha h}l_h)\beta - (c_{\alpha v} \cdot l_v^2 + c_{\alpha h}l_h^2)\frac{\dot{\psi}}{v_x} + c_{\alpha v}l_v\delta_v \qquad (2.14)$$

des linearen Einspurmodells. Mit dem Zustandsvektor $\vec{x}_{\text{ESM,lin}} = [\beta \quad \dot{\psi}]^T$ folgt

$$\begin{bmatrix} \dot{\beta} \\ \ddot{\psi} \end{bmatrix} = \begin{bmatrix} -\frac{c_{\alpha v} + c_{\alpha h}}{mv_x} & -\left(1 + \frac{c_{\alpha v}l_v - c_{\alpha h}l_h}{mv_x^2}\right) \\ \frac{-c_{\alpha v}l_v + c_{\alpha h}l_h}{\Theta_{zz}} & -\frac{c_{\alpha v}l_v^2 + c_{\alpha h}l_h^2}{v_x\Theta_{zz}} \end{bmatrix} \begin{bmatrix} \beta \\ \dot{\psi} \end{bmatrix} + \begin{bmatrix} \frac{c_{\alpha v}}{mv_x} \\ \frac{c_{\alpha v}l_v}{\Theta_{zz}} \end{bmatrix} \delta_v \qquad (2.15)$$

in der allgemeinen Darstellung $\dot{\vec{x}}_{\text{ESM,lin}} = \mathbf{A} \cdot \vec{x}_{\text{ESM,lin}} + \vec{b} \cdot u$.

### 2.1.3 Modellierung des Lenksystems und der Lenkunterstützung

Für Modellierungen der Fahrzeugbewegung wie im Einspurmodell aus Kapitel 2.1.2 ist die detaillierte Betrachtung des Lenksystems nicht notwendig, um die auf das Fahrzeug wirkende Querkraft zu berechnen. In dem in dieser Arbeit entwickelten System wirken jedoch der Fahrer und das zu entwickelnde FAS gemeinsam über das Lenksystem auf das Fahrzeug ein. Für eine genauere Analyse wird das Lenksystem anhand stationärer Zusammenhänge wie dem Übersetzungsverhältnis zwischen **Lenkrad**winkel $\delta_H$ und Einschlagwinkel der Vorderräder, dem **Radlenk**winkel $\delta_v$, betrachtet [HEG11]. Für die Modellierung des dynamischen Verhaltens wird auf [PL96] verwiesen. Der Fahrer bezieht zudem einen Teil der Fahrzustandsinformationen über das Lenkrad. Zum Schluss dieses Abschnitts wird deswegen auf die vom Fahrer spürbaren Lenkmomente eingegangen, was nach [Mit03, Pfe11, Sch17] neben dem Lenkradwinkel $\delta_H$ wesentlich zum Lenkgefühl beiträgt. Das vom Fahrer gefühlte Lenkmoment ist grundsätzlich abhängig von der Reifenseitenkraft und der Lenkkraftunterstützung vom Fahrzeug, die den Lenkaufwand für den Fahrer reduziert. Bei dem betrachteten Lenksystem mit elektromechanischer Unterstützung, dem sogenannten Electric Power Steering (EPS), wird diese von einem per Software gesteuerten Elektromotor erzeugt. Dadurch werden auch zusätzliche Lenkfunktionen, wie ein Assistent bei Seitenwind sowie die Lenkwinkelregelung für eine automatische Fahrfunktion möglich.

Das Lenksystem wird für die Modellierung auf die in Abbildung 2.5 dargestellten Komponenten Vorderräder, Zahnstange, Elektromotor und Lenksäule inklusive Lenkrad reduziert. Dabei gelten die folgenden Übersetzungsverhältnisse.

$$\text{Lenkgetriebeübersetzung}: i_g = \frac{\delta_H^* [\text{rad}]}{y_{zst} [\text{m}]} \tag{2.16}$$

$$\text{EPS} - \text{Getriebeübersetzung}: i_{EPS} = \frac{\delta_{EPS} [\text{rad}]}{y_{zst} [\text{m}]} \tag{2.17}$$

$$\text{Lenkgestängeübersetzung}: i_s = \frac{y_{zst} [\text{m}]}{\delta_v^* [\text{rad}]} \tag{2.18}$$

$$\text{Gesamtlenkübersetzung}: i_l = \frac{\delta_H^* [\text{rad}]}{\delta_v^* [\text{rad}]} = i_g \cdot i_s \tag{2.19}$$

Die mit einem * gekennzeichneten Größen resultieren aus der Umrechnung des Zahnstangenweges $y_{zst}$ in die entsprechenden Winkelkoordinaten. Durch Elastizitäten unterscheiden sich $\delta_H^*$, $\delta_v^*$ von den tatsächlichen Winkel $\delta_H$, $\delta_v$, die jedoch nicht direkt gemessen werden den.

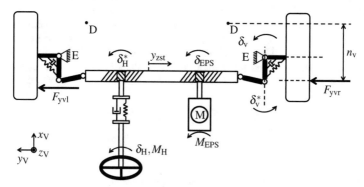

**Abbildung 2.5:** Komponentendarstellung des Lenksystems

Abbildung 2.6 zeigt die Übertragungsstrecke vom Reifen zur Zahnstange. Analog zum Einspurmodell wird die Vorderachse wieder auf ein Rad reduziert, sodass in der Modellgleichung $F_{yv} = F_{yvr} + F_{yvl}$ genutzt wird. Das Rad dreht sich um den Punkt E, während das Reifenrückstellmoment $M_{Align}$ um den konstruktionsabhängigen, fiktiven Punkt D entsteht. Das auf die Lenkung wirkende Reifenrückstellmoment $M_{Align}$ (engl. aligning moment) ist das Produkt aus der erzeugten Reifenseitenkraft $F_{yv}$ und ihrem Hebelarm $n_v$ zum Drehpunkt D. Die daraus resultierende Zahnstangenkraft $F_{zst}$ muss vom Lenksystem und damit auch vom Fahrer abgestützt werden. Dadurch ergeben sich mit

$$M_{Align} = F_{yv} \cdot n_v, \quad \text{mit} \quad n_v = n_k + n_r \quad \text{und} \quad F_{yv} = F_{yvr} + F_{yvl} \tag{2.20}$$

$$F_{zst} = M_{Align} / i_s \tag{2.21}$$

die Kräfte und Momente an den Vorderrädern.

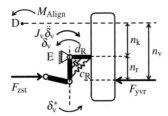

**Abbildung 2.6:** Freischnitt von Vorderrad und Spurstange

Der Gesamtreifennachlauf $n_v$ setzt sich aus einem konstanten, konstruktionsbedingten Nachlauf $n_k$ und dem pneumatischen Reifennachlauf $n_r$ zusammen. Der pneumatische Reifennachlauf $n_r$ geht bei großen Schräglaufwinkeln $\alpha_v$ zu null, da die Seitenkraft dann gleichmäßig von der gesamten Reifenaufstandsfläche erzeugt wird [Hsu09]. Abbildung 2.7 zeigt schematisch den Zusammenhang zwischen Schräglaufwinkel, Reifenseitenkraft und dem Reifennachlauf, wobei die eingezeichneten gestrichelten Linien bei $\alpha_{v,sl}$ dem Schräglaufwinkel entsprechen, bei dem der Reifennachlauf zu Null wird. Demnach ist das Reifenrückstellmoment nichtlinear vom Schräglaufwinkel abhängig. Der pneumatische Reifennachlauf $n_r$ wird vereinfacht modelliert, sodass dieser linear vom Schräglaufwinkel abhängig ist. Dafür wird angenommen, dass der maximale Wert $n_{r0}$ schon bei kleinen Auslenkungen anliegt und dieser zu null wird, sobald der maximale Kraftaufbau erreicht wird. Mithilfe von

$$\alpha_{v,sl} = arctan\left(\frac{3\mu F_z}{c_\alpha}\right)$$

$$n_{r,\alpha_{v,sl}}(\alpha_v) = \begin{cases} n_{r0} \cdot (1 - \frac{\alpha_{v,sl}}{|\alpha_v|}) & |\alpha| \leq \alpha_{v,sl} \\ 0 & |\alpha| > \alpha_{v,sl} \end{cases} \tag{2.22}$$

kann der pneumatische Reifennachlauf approximiert werden.

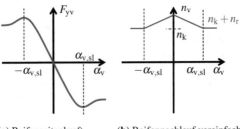

(a) Reifenseitenkraft          (b) Reifennachlauf vereinfacht

**Abbildung 2.7:** Reifenseitenkraft und Reifennachlauf in Abhängigkeit vom Schräglaufwinkel

Für den Freischnitt der Zahnstange nach Abbildung 2.8 (a) wird die Annahme getroffen, dass das gewünschte EPS-Moment $M_{EPS}$ ohne Verluste oder Elastizitäten auf die Zahnstange wirkt. Abbildung 2.8 (b) zeigt den Freischnitt der Lenkstange, die aus einem starren und einem leicht verdrehbaren Abschnitt, dem Torsionsstab, besteht. Der Torsionsstab hat eine konstruktiv vorgegebene Steifigkeit $c_T \left[ \frac{Nm}{Grad} \right]$ und durch optische Messung des Torsionswinkels kann das Handlenkmoment des Fahrers $M_H$ approximiert werden. Eine exakte Bestimmung ist nicht möglich, da zum einen nur der stationäre Anteil $M_{Tstat}$

$$M_{Tstat} = c_T \left( \delta_H - \delta_H^* \right) \tag{2.23}$$

bestimmt wird und sich zum anderen die Steifigkeit bei kleinen Lenkwinkeln nichtlinear verhält [VE16]. Der durch Dämpfung entstehende Anteil $M_{Tdyn}$ im Handmoment

$$M_H = M_{Tges} = M_{Tstat} + M_{Tdyn} \quad \text{mit} \quad M_{Tdyn} = d_T \left( \dot{\delta}_H - \dot{\delta}_H^* \right) \tag{2.24}$$

kann nicht gemessen werden.

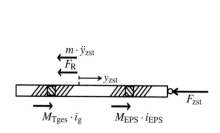

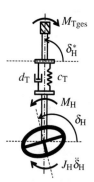

(a) Freischnitt der Zahnstange                    (b) Freischnitt der Lenkstange

**Abbildung 2.8:** Freischnitt von Zahnstange und Lenkstange

Das mithilfe des Torsionsstabs approximierte Handmoment wird benötigt, um die Stärke der Lenkunterstützung vorzugeben. Das Steuergerät eines Serienfahrzeugs berechnet diverse Unterstützungsmomente, die miteinander addiert

$$M_{LF} = M_{Assist}(M_{Tstat}, v_x) + M_{ActiveReturn}(M_{Tstat}, v_x, \delta_H^*, \dot{\delta}_H^*) + M_{Other}(\vec{x}) \tag{2.25}$$

die Lenkunterstützung $M_{LF}$ (LF = Lenkfunktion) ergeben [Ras16]. Die direkte Lenkkraftunterstützung $M_{Assist}$ ist abhängig von der aktuellen Fahrzeuggeschwindigkeit und dem approximierten Torsionsstabmoment. Abbildung 2.9 zeigt schematisch den Kennlinienverlauf des Unterstützungsmoments für unterschiedliche Geschwindigkeiten und Gewichtsklassen. Neben der Lenkkraftunterstützung verbessert das EPS auch die Geradeausstellung der Vorderräder über das Zusatzmoment $M_{ActiveReturn}$. Das bei Kurvenfahrt natürlich auftretende Reifenrückstellmoment sorgt bereits von selbst für eine Zentrierung der Lenkung, ist aber unter Umständen nicht ausreichend, um bei geringen Seitenkräften die Reibung im Lenksystem zu überwinden [Pfe11]. Die Verbesserung des Rücklaufs ist zusätzlich vom Lenkwinkel und der Lenkrate abhängig. Weitere Lenkfunktionen sorgen für einen verbesserten Geradeauslauf bei Seitenwind oder unterstützen den Fahrer bei ABS Bremsungen auf wechselnden Reibwerten. Zusammen mit Funktionen zur Reibungskompensation werden diese unter $M_{Other}$ zusammengefasst. Wird das EPS für die Lenkwinkelregelung in einer semiautomatischen Kursführung eingesetzt, erzeugt sie zusätzlich das Moment $M_{Ext}$, das ihr von einer externen Steuereinheit vorgegeben wird. Das erzeugte Moment

$$M_{EPS} = M_{Ext} + M_{LF} \qquad (2.26)$$

setzt sich dann aus dem extern geforderten Moment $M_{Ext}$ und dem intern berechneten Moment der Lenkfunktionen $M_{LF}$ zusammen.

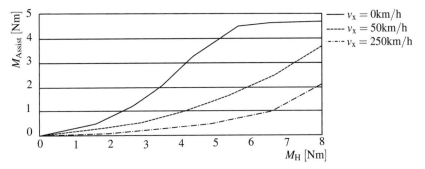

**Abbildung 2.9:** Beispielkennlinien für die Lenkkraftunterstützung, nach [Vol07]

In Abbildung 2.10 wird abschließend noch einmal die Interaktion zwischen den Lenkmomenten vom Fahrer, den Lenkfunktionen, der Fahrfunktion zum automatischen Fahren und dem Lenksystem zusammengefasst. Die drei Eingangsgrößen des Lenksystems sind die Zahnstangenkraft $F_{zst}$, das Handmoment vom Fahrer $M_H$ und das Lenkmoment der elektromechanischen Lenkung $M_{EPS}$. Die Rückmeldung zum Fahrer ist hier stark vereinfacht. Das Lenkmoment des EPS-Motors wirkt parallel zum Handmoment auf die Lenkstange, wodurch Fahrer und Fahrfunktion in ihrem Einfluss auf das Fahrzeug gleichberechtigt sind. Außerdem haben die Lenkmomente der Fahrfunktionen dadurch einen direkten Einfluss auf das Lenkgefühl des Fahrers und damit auch auf den Gesamteindruck der semi-automatischen Fahrt.

Da der Elektromotor im allgemeinen kräftiger als der Fahrer ist, kann dieser überstimmt werden. Zu starke Eingriffe können den Fahrer jedoch verletzen, weswegen die Lenkfunktionen bei kooperativer Fahrzeugführung in ihrer Stellgröße Lenkmoment beschränkt sind [Sch09].

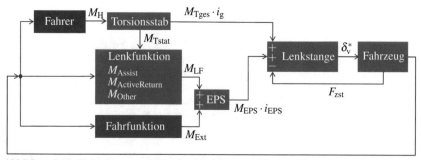

**Abbildung 2.10:** Einbindung von Fahrer, Lenkfunktionen und Fahrfunktion im Lenksystem

## 2.2 Sollvorgaben für die vollautomatische Fahrt im Grenzbereich

Die Vorgabe der Sollgröße kann in drei Planungsschritte aufgeteilt werden: Die (quasi-)statische Bahnplanung erzeugt zuerst eine spurgenaue Wunschroute vom Start bis zum Ziel der Fahrt. Die darauf basierende kontinuierliche Neuplanung berücksichtigt Störungen oder neu auftauchende Hindernisse entlang der Route und im letzten Schritt wird dieser Wunschroute eine Geschwindigkeitsvorgabe zugeordnet. Eine rein statische Bahnplanung zur Berechnung von Ideallinien auf Rennstrecken wird in [The14, Kri12] vorgestellt. Der Rechenaufwand ist vergleichsweise hoch, erzeugt aber Referenzlinien mit hoher Ähnlichkeit zu denen von echten Rennfahrern, weswegen hier die dafür erarbeitete mathematische Grundstruktur genutzt wird. Neueste Verfahren wie [GK17] benötigen nur noch wenige Sekunden für eine vollständige Rennstrecke – für schnelle Reaktionen auf Hindernisse reicht dies trotzdem noch nicht aus. Als Lösung kann die statische Bahn als lokale Referenz genutzt werden, um mittels einer kontinuierlichen Neuplanung mit einer deutlich kürzeren Vorausschau auf veränderte Umgebungsbedingungen und Hindernisse zu reagieren. Durch die Reduktion des Planungshorizonts lässt sich dabei die notwendige Rechenzeit auf ein echtzeitfähiges Niveau reduzieren. Die Vorgabe des Geschwindigkeitsprofils orientiert sich häufig an möglichst komfortablen und geringen Beschleunigungen sowie den geltenden Geschwindigkeitsbegrenzungen. Im Kontext der automatischen Fahrt auf der Rennstrecke soll hingegen das fahrdynamische Maximum entlang der geplanten Linie erreicht werden [Kri12]. Die Referenzgeschwindigkeit kann demnach nur gemeinsam mit der Referenzlinie erzeugt werden, denn erst durch die Kombination der Referenzlinie mit der Referenzgeschwindigkeit entsteht die zeitlich festgelegte Referenztrajektorie für den später definierten Fahrdynamikregler. Zur Beschreibung dieses fahrdynamischen Maximums wird zunächst die Fahrweise eines professionellen Rennfahrers anhand der Ausnutzung der verfügbaren Reifenkräfte vereinfacht erklärt. Dies kann zugleich auch ein Lernziel des Fahrertrainings auf einer Rennstrecke sein.

## 2.2.1 Ausnutzung der maximalen Fahrzeugdynamik

Ein Rennfahrer benötigt beim Automobilrennen viele Fertigkeiten, die zum Gewinnen notwendig sind. Neben einer hohen Konzentrationsfähigkeit sind es vor allem die Beherrschung des Fahrzeugs und das Verständnis von der Rennstrecke und Rennsituation, die einen Rennfahrer auszeichnen. In der Regel kann gesagt werden, dass hinter der Fahrweise eines Rennfahrers das Grundprinzip liegt, das fahrdynamische Potential von Fahrzeug und Reifen maximal auszunutzen [Kru15]. Dafür sollen die von den vier Rädern übertragenen Reifenkräfte in Längs- und Querrichtung zu jedem Zeitpunkt maximiert werden. In Rennsituationen werden beim Überholen oder zum Verteidigen der Position auch andere Strategien eingesetzt, wobei jedoch nicht mehr unbedingt das maximale Potential des Fahrzeugs ausgenutzt wird [KHG16]. Das maximale Potential des Fahrzeugs wird in der Literatur häufig mithilfe des „g-g"-Diagramms veranschaulicht, bei dem die Längsbeschleunigung über der Querbeschleunigung visualisiert wird [Ben11].

In Abbildung 2.11 sind die im Fahrzeugschwerpunkt resultierenden Beschleunigungen $a_x$ und $a_y$ im fahrzeugfesten Koordinatensystem und im „g-g"-Diagramm dargestellt. Die $a_y$-Achse ist links so definiert, dass positive Beschleunigungen bei einer Linkskurve auftreten. Im „g-g"-Diagramm rechts illustriert ein Kreis die vom Fahrzeug maximal umsetzbaren Beschleunigungen. Der Name der Darstellung beruht darauf, dass sportliche Serienfahrzeuge bei guten Straßenbedingungen (Reibungsbeiwert $\mu = 1$) eine absolute Beschleunigung von ungefähr

$$a_{max} \approx 9,81 \mathrm{m\,s}^{-2} = 1g \qquad (2.27)$$

$$a_{max} \geq \|\vec{a}_{ges}\|_2 = \sqrt{a_x{}^2 + a_y{}^2} \qquad (2.28)$$

über ihre Reifen aufbauen [Lop01, NHL+16]. Rennfahrer können also optimale Rundenzeiten erreichen, wenn sie die Fahrzeugbeschleunigungen entlang des Außenkreises balancieren. Eine ähnliche Darstellung ist auch als „Kamm'scher Kreis" bekannt [HEG11], bei der jedoch nicht die Beschleunigungen, sondern Längs- und Querkräfte visualisiert sind. Da sich Beschleunigungen und Kräfte mithilfe des Fahrzeuggewichts ineinander umrechnen lassen, wird der Begriff „Kamm'scher Kreis" in dieser Arbeit als Synonym für das vereinfachte fahrdynamische Maximum eines Kraftfahrzeugs verwendet.

Abbildung 2.12 zeigt beispielhaft einen Kurvenabschnitt und ein dazugehöriges Beschleunigungsdiagramm, das der Erklärung aus [Kri12] nachempfunden ist. Im Abschnitt **A** wird das Fahrzeug mit maximal negativem $a_x$ verzögert. Entlang des Kreissegments **C** müssen die Reifen die maximale Querbeschleunigung $a_y$ übertragen, und die Geschwindigkeit ist üblicherweise die geringste im ganzen Streckensegment. Die Liniensegmente **B** und **D** stellen besondere Anforderungen an das Fahrkönnen und haben so eine hohe Relevanz für gute Rundenzeiten. Im Abschnitt **B** beginnt der Fahrer das Fahrzeug in die Kurve einzulenken. Um auf dem Kamm'schen Kreis zu bleiben, muss er die Bremsleistung verringern, bis er den Wechsel zur reinen Querbeschleunigung vollzogen hat. Im Abschnitt **D** lenkt der Fahrer dann langsam zurück und beginnt mit dem Herausbeschleunigen. Die maximale Beschleunigung ist dabei in der Regel durch die Motorleistung begrenzt, was durch die horizontale

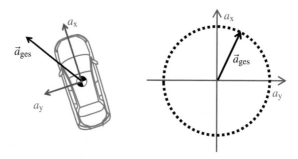

**Abbildung 2.11:** Längs- und Querbeschleunigung im Schwerpunkt und zugehöriges „g-g"-Diagramm

Linie angedeutet wird. In diesen Abschnitten müssen Längs- und Querbeschleunigung balanciert werden, damit das Fahrzeug stabil auf der gewünschten Trajektorie geführt werden kann.

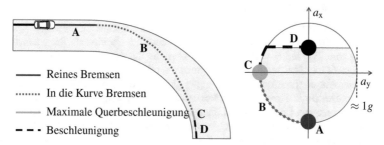

**Abbildung 2.12:** Kurvenfahrtsequenz mit zugehörigem „g-g"-Diagramm, nach [Kri12]

Diese Herausforderung wird am Beispiel des Bremsens in die Kurve erklärt. In Bremsvorgängen bei gleichzeitigem Lenken kann es zu einem kurzzeitigem Verlassen des Kreises im „g-g"-Diagramm kommen, wodurch in der Regel instabile Fahrsituationen entstehen. Es besteht die Gefahr, dass bei zu großer Längsverzögerung $a_x$ das Fahrzeug entweder unter- oder übersteuert: Müssen die Vorderräder zu hohe Kräfte in Längsrichtung aufbringen, wird das verbleibende Kraftpotential der Reifen nicht ausreichen, um die benötigte Querbeschleunigung $a_y$ für den Kurvenverlauf zu erreichen – das Fahrzeug untersteuert und verlässt die Linie tangential. Reichen die Querführungskräfte an der Hinterachse nicht aus weil die Hinterräder zu stark gebremst werden oder durch Gewichtsverlagerung die Normalkraft und damit das Seitenkraftpotential abnimmt, beginnt das Fahrzeug zu übersteuern – das Fahrzeugheck „bricht aus". Damit der Rennfahrer das maximale Potential im gesamten Kurvenverlauf sicher ausschöpfen kann, muss er die Reifenkräfte also ideal balancieren. So muss Kurvenbremsen (im englischen „Trail-Braking" genannt) selbst von Rennfahrern gezielt trainiert werden und wurde in der Anfangszeit des Rennsports sogar aktiv gemieden [Lop01]. In der Fahrschule oder bei einem normalen Fahrsicherheitstraining wird dem Fahrer deswegen geraten, vor und nicht während der Kurvenfahrt zu bremsen. So ist das Fahrzeug zwar beherrschbarer, aber es entsteht eine große ungenutzte Dynamikreserve.

### 2.2.2 Vorgabe der Referenzlinie

Die streckenspezifische Referenzlinie liefert die Sollvorgabe für die Position des Fahrzeug-schwerpunkts. Der Verlauf orientiert sich dabei an den von Rennfahrern gefahrenen Ideallinien. Für jeden Rundkurs existieren unzählige Verläufe, die jeweils optimal sind in Bezug auf ein bestimmtes Fahrzeug und Fahrziel. Bei geringer Motorleistung ist es sinnvoll, möglichst wenig Geschwindigkeit in der Kurve zu verlieren, bei starker Motorisierung kann es hingegen optimal sein stärker zu Bremsen, um dadurch früher einlenken und beschleunigen zu können [Ben11]. Auch das Fahrziel hat einen erheblichen Einfluss: neben der klassischen, zeitoptimalen Linie gibt es beispielsweise die sogenannte Kampflinie, bei der das Überholen von Kontrahenten erschwert wird [Lop01]. Solange der Rennfahrer nicht auf den Zustand von Reifen oder Benzin achten muss, wird er dabei immer die in Abschnitt 2.2.1 vorgestellten Beschleunigungen entlang des Kamm'schen Kreises balancieren, um das volle Fahrzeugpotential auszuschöpfen.

Für automatische Fahrfunktionen muss die Ideallinie als Referenz für die Regelung erfasst werden, beispielsweise anhand einer Punktwolke aus GPS-Positionen oder geometrischer Grundelemente. Wie in [The14] beschrieben, kann die Referenzlinie durch aufeinanderfolgende Kreis-, Klothoiden- und Geradensegmente repräsentiert werden. Das erste Segment benötigt hier Anfangsposition und -richtung in globalen Koordinaten. Der Weg entlang der Referenzlinie wird mit dem Parameter Bogenlänge $s \in 0 .. s_{max}$ referenziert. Die anschließenden Segmente werden durch ihre Länge und Krümmungsänderung $\kappa_R'(s)$ parametriert. Die Elemente können in beliebiger Folge kombiniert werden, müssen aber die Krümmung des letzten Segments übernehmen. Die Referenzlinie wird mit einem computergestützten Tool einmalig erstellt, wobei die Streckenbegrenzung in Form des linken und des rechten Rands nicht übertreten werden dürfen. Ein möglicher Algorithmus zur automatischen Erzeugung von Referenzlinien, die auf diesen Segmenten basieren, wird in [The14] vorgestellt, wobei sich die Segmente in ihrer Referenzkrümmung unterscheiden. In Klothoidensegmenten verändert sich die Referenzkrümmung $\kappa_R(s)$ linear, der Fahrer muss somit den Lenkwinkel nicht sprunghaft ändern, um dem Referenzverlauf zu folgen. Abbildung 2.13 zeigt einen Ausschnitt der Teststrecke, links ist der Verlauf in Lokalkoordinaten gezeigt. Die schwarz gestrichelte Linie ist die Referenzlinie und über die schwarzen Marker sind mehrere Streckenpositionen eingezeichnet, die sich rechts in der Darstellung der Krümmung $\kappa_R(s)$ und Krümmungsänderung $\kappa_R'(s)$ wiederfinden.

Das Kurvenstück ist aus zwei Klothoidensegmenten aufgebaut. Das erste Klothoidensegment (erkennbar an der konstanten Krümmungsänderung im Diagramm rechts unten) ist deutlich länger als das zweite und insgesamt sehr lang; die Kurve zieht sich über eine Länge von beinahe 200 m kontinuierlich zu. Diese einfachen geometrischen Elemente können beliebig miteinander kombiniert werden, um Referenzlinien von hoher Ähnlichkeit zu echten Rennfahrerlinien zu erstellen und eignen sich damit für die Beschreibung von Ideallinien.

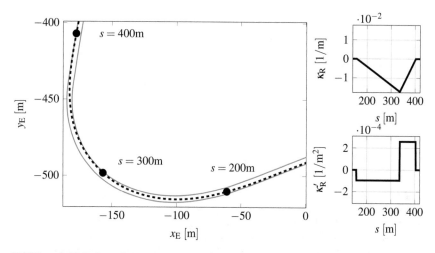

**Abbildung 2.13:** Referenzlinie mit zuziehendem Kurvenradius

Die in Abbildung 2.13 eingezeichneten Straßenränder liegen in Weltkoordinaten vor, wobei jeder Punkt vom linken und rechten Rand in $x_E, y_E$ und $z_E$ abgespeichert wird. Sobald die Referenzlinie bestimmt wurde, lassen sich die Streckenränder in die in Abschnitt 2.1.1 eingeführten Frenet-Koordinaten umrechnen. Das spart Speicherplatz auf der Echtzeitplattform, da nur noch zwei anstelle von sechs Koordinaten abgespeichert werden. Außerdem ist diese Vorgehensweise für Ränderprüfungen während der Fahrt recheneffizienter, da im Gegensatz zum Abgleich in dreidimensionalen Weltkoordinaten nur noch der Abstand orthogonal zur Referenzlinie geprüft werden muss. Der linke und rechte Rand werden dafür in diskreten Abtastschritten $\Delta s = 1$ m auf die Referenzlinie projiziert und liegen anschließend parametriert nach der Bogenlänge als

$$d_{\text{links}}(s_i), \quad d_{\text{rechts}}(s_i), \quad s_i = i \cdot \Delta s, \quad i \in \left[0, 1, \dots, n = \frac{s_{\text{max}}}{\Delta s}\right] \qquad (2.29)$$

vor. Abbildung 2.14 zeigt den Verlauf von $d_{\text{links}}$ und $d_{\text{rechts}}$. Die hier verwendeten Ränder werden vom Versuchsfahrzeug mit einer Echtzeitplattform eingemessen und beziehen sich auf den Fahrzeugschwerpunkt. Dies vereinfacht die Erzeugung von Referenzlinien, da bei deren Planung kein zusätzlicher Abstand zum Rand eingerechnet werden muss. Die tatsächlichen Streckenränder können durch eine orthogonale Verschiebung um die halbe Fahrzeugbreite ermittelt werden.

### 2.2.3 Lokale Relativtrajektorien

Die im vorangegangenen Abschnitt vorgestellten Referenzlinien werden im ortsfesten Koordinatensystem $x_E$, $y_E$ und $z_E$ geplant, um beispielsweise die Mittelspur auf einer Land-

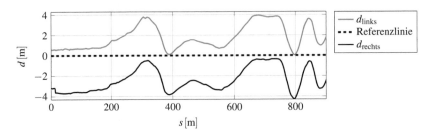

**Abbildung 2.14:** Ränder und Referenzlinie in Frenet-Koordinaten

straße oder die Ideallinie eines Rennfahrers nachzubilden. Die Planung in Weltkoordinaten ist vergleichsweise rechenintensiv und erfolgt deshalb in der Regel vor Fahrtantritt oder in einem langsameren Intervall als die Fahrzeugregelung. Aktuelle Verfahren haben große Fortschritte gemacht, liegen aber immer noch im Sekundenbereich [GK17]. Für den Einsatz in einer automatischen oder assistierenden Fahrfunktion wird dies problematisch, sobald auf veränderliche Straßen- oder Fahrbedingungen reagiert werden muss, z.B. durch ein plötzlich auftauchendes Hindernis oder eine große Querabweichung des eigenen Fahrzeugs. Eine Möglichkeit, die Rechenzeit für Solltrajektorien zu reduzieren, ist die Planung in lokalen Relativkoordinaten mit einem beschränkten Horizont. Während zuvor die gesamte Teststrecke betrachtet wurde, reicht die Betrachtung der nächsten beispielsweise 100 m häufig aus. Erfolgt die Neuplanung zudem in Frenet-Koordinaten, kann die Rechenzeit weiter reduziert werden, weil diese in einem entkrümmten Raum erfolgen. Es lassen sich auch Hindernisse oder andere Verkehrsteilnehmer in das Relativkoordinatensystem umrechnen, um die fahrbare Strecke zusätzlich zu den Straßenrändern einzuschränken.

Abbildung 2.15 zeigt drei beispielhafte Szenarien, in denen eine Planung in Relativkoordinaten hilfreich sein kann. Die oberen drei Abbildungen zeigen die Fahrsituation und den gewünschten Trajektorienverlauf (grün) in Weltkoordinaten, während die dazugehörigen unteren Diagramme den entsprechenden Verlauf in den Relativkoordinaten $d(s)$ und $s$ zeigen. Das erste Anwendungsbeispiel 2.15 (a) zeigt die Planung eines Spurwechsels, gezeigt ohne weitere Hindernisse. Dieser Anwendungsfall wird unter anderen in [Wer10] beschrieben und die dort erarbeitete Systematik zur Planung von Trajektorien in Relativkoordinaten dient dieser Arbeit als Basis. Das zweite Beispiel 2.15 (b) beschreibt ein Ausweichszenario, bei dem anschließend wieder die ursprüngliche Fahrspur eingenommen wird wie in [Erl15]. Das zeitliche Verhalten der Relativtrajektorie ist hier von besonderer Bedeutung - erst durch die Zuordnung eines Geschwindigkeitsverlauf kann korrekt geprüft werden, ob die Trajektorie kollisionsfrei ist oder nicht. Das dritte Beispiel 2.15 (c) ist für diese Arbeit relevant, da es eine Kurvensituation zeigt, in der das Fahrzeug einen großen Querversatz aufweist, der bis zum Ende des Planungshorizonts abgebaut werden soll. In den darunter gezeigten Relativkoordinaten erkennt man, dass durch die Entkrümmung der Referenzlinie sich die Änderung $d'(s)$ von der tatsächlichen Fahrzeugdynamik $v_y$ unterscheidet, da diese zusätzlich dem Krümmungsverlauf $\kappa_R$ folgen muss. Dies ist der Nachteil der Planung in Relativkoordinaten, da die fahrdynamischen Grenzen des Fahrzeugs die möglichen Verläufe von $d(s)$ nichtlinear in Abhängigkeit von der Referenzkrümmung $\kappa_R(s)$ und dem Geschwindigkeitsprofil einschränken und zusätzlich überprüft werden müssen.

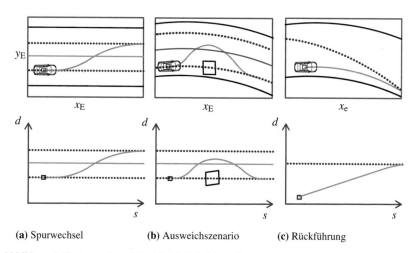

(a) Spurwechsel  (b) Ausweichszenario  (c) Rückführung

**Abbildung 2.15:** Anwendungsbeispiele für Relativkoordinaten

Die Planung von lokalen Relativtrajektorien soll recheneffizient erfolgen, um auf einer Echtzeitplattform ausführbar zu sein. Straßenränder müssen berücksichtigt werden und auch die fahrdynamischen Grenzen des Fahrzeugs schränken den Lösungsraum zusätzlich ein. Diese Restriktionsprüfung kann während der Berechnung erfolgen (siehe [Erl15]) oder die Trajektorie kann im Anschluss geprüft werden. In dieser Arbeit wird ein nachgelagerter Ansatz gewählt, der zudem eine Situationsbewertung zulässt, wie in späteren Kapiteln gezeigt wird. Der in [Wer10] etablierte und von [RWM16] weiterentwickelte Ansatz berechnet eine große Menge von Relativtrajektorien und prüft erst im Anschluss jede einzelne auf die Einhaltung der Straßen- und Dynamikbegrenzungen. Zuletzt wird die auf ein Kostenfunktional $J$ bezogene, beste Trajektorie an die Regelung weitergegeben. Neben einer geringen Rechenzeit für verschiedene Trajektorienkandidaten hat dieser Ansatz den Vorteil, dass die Fahrgeschwindigkeit unabhängig von der Querposition variiert oder optimiert werden kann. Zunächst wird gezeigt, wie man diese Verläufe in Gestalt von Polynomen siebten Grades erzeugt.

Um Solltrajektorien zu generieren, wird zuerst ein geschlossen lösbares Optimierungsproblem in den Frenet-Koordinaten $s$ und $d(s)$ formuliert. Die situationsspezifischen Beschränkungen durch die Reifenhaftgrenze, den Krümmungsverlauf der Referenzstrecke oder Straßenränder werden hier noch nicht berücksichtigt. Gesucht ist ein Verlauf von $d(s)$, der bezüglich seiner vierten Ableitung, der Ruckänderung $d''''(s)$, und einem Endzustand $\vec{D}_{\text{Ziel}} = \left[ d_{\text{Ziel}}, d'_{\text{Ziel}}, d''_{\text{Ziel}}, d'''_{\text{Ziel}} \right]^{\text{T}}$ optimal ist. Wie bereits in [Wer10] und [RWM16] gezeigt wurde, kann zur Berechnung auf die Theorie der optimalen Steuerung nach [Föl94] zurückgegriffen werden. Dabei wird die zu planende Trajektorie als fiktive Regelstrecke betrachtet und derjenige Stellgrößenverlauf $u(s) = d''''(s)$ im Intervall $s = [s_0 \dots s_e]$ gesucht, der diese Regelstrecke $\vec{x}'(s) = f(\vec{x}(s), u(s), s)$ bezüglich einem geeignet gewählten Kostenfunktional

$$J = h(\vec{x}(s_e), s_e) + \int_{s_0}^{s_e} f_0(\vec{x}(s), u(s), s) \mathrm{d}s \tag{2.30}$$

optimal (vor-)steuert. Der Term $f_0(\vec{x}(s), u(s), s)$ bewertet dabei das dynamische Verhalten der Lösung, während der Term $h(\vec{x}(s_e), s_e)$ zusätzliche Bedingungen an den Endzustand stellt, beispielsweise um die Endabweichung zu einem Sollzustand zu gewichten.

Die Regelstrecke $f(\vec{x}(s), u(s), s)$ wird über das Ersatzsystem $\vec{x}'(s) = \mathbf{A}\vec{x}(s) + \vec{b}u(s)$ mit

$$\vec{x}(s) = [x_1(s), x_2(s), x_3(s), x_4(s)]^\mathsf{T} \tag{2.31}$$

definiert, mit der Systemdynamik einer Integratorkette vierter Ordnung

$$\vec{x}'(s) = f(\vec{x}(s), u(s), s) = \begin{bmatrix} 0 & 1 & 0 & 0 \\ 0 & 0 & 1 & 0 \\ 0 & 0 & 0 & 1 \\ 0 & 0 & 0 & 0 \end{bmatrix} \vec{x}(s) + \begin{bmatrix} 0 \\ 0 \\ 0 \\ 1 \end{bmatrix} u(s). \tag{2.32}$$

Mit $d(s) = x_1(s)$ folgt daraus, dass $x_2(s)$ bis $x_4(s)$ Ableitungen von $d(s)$ repräsentieren und $x_4(s) = d''''(s) = u(s)$ ist. Die Relativtrajektorien sollen als weitere Nebenbedingungen von einem festgelegten Startwert $\vec{x}(s_0) = \vec{D}_0$ in einen Zielzustand mit vorgegebenen Ableitungen

$$\vec{z}_e\left(\vec{x}(s_e), \vec{D}_\text{Ziel}\right) = \begin{pmatrix} x_2(s_e) - d'_\text{Ziel} \\ x_3(s_e) - d''_\text{Ziel} \\ x_4(s_e) - d'''_\text{Ziel} \end{pmatrix} = \vec{0} \tag{2.33}$$

geführt werden. Diese so genannte Zielmannigfaltigkeit $\vec{z}_e\left(\vec{x}(s_e), \vec{D}_\text{Ziel}\right)$ stellt keine Anforderungen an den Endwert von $x_1(s_e) = d(s_e)$, da dieser im Kostenfunktional über die Endkosten

$$h(\vec{x}(s_e), s_e) = k_x(x_1(s_e) - d_\text{Ziel})^2 \tag{2.34}$$

gewichtet wird, um dem Algorithmus ein wenig Spielraum bei der Bestimmung der optimalen Trajektorie zu geben. Sie gewährleistet jedoch, dass die Ableitungen von $x_1(s_e)$ vorgegeben sind. Bezogen auf das Anwendungsbeispiel wird somit sichergestellt, dass die Relativlinien im Endzustand parallel zur Referenzlinie verlaufen. Die Ruckänderungsoptimalität wird über $f_0(\vec{x}(s), u(s), s) = \frac{1}{2}u^2(s) = \frac{1}{2}(d''''(s))^2$ erreicht. Zusätzlich kann auch der Planungshorizont $s_e$ optimiert werden, dann ist das Problem jedoch nicht mehr geschlossen lösbar und wird hier deswegen fest vorgegeben. Zusammengefasst soll das Optimum für

$$\min_{u=d''''(s)} \quad J_{\text{Relativplanung}} = k_x(x_1(s_e) - d_{\text{Ziel}})^2 + \int_{s_0}^{s_e} \frac{1}{2}(d''''(s))^2 \mathrm{d}s \tag{2.35}$$

$$\text{u.N.} \quad \vec{x}'(s) = \mathbf{A}\vec{x}(s) + \vec{b}u(s) \tag{2.36}$$

$$\vec{x}(s_0) = \vec{D}_0 \tag{2.37}$$

$$\vec{z}_e\left(\vec{x}(s_e), \vec{D}_{\text{Ziel}}\right) = \vec{0} \tag{2.38}$$

bezüglich der Steuergröße $u(s)$ ($\equiv d''''(s)$) mit festem Planungshorizont $s_e$ gefunden werden. Der optimale Steuerverlauf kann mithilfe des Lagrange-Formalismus und der Variationsrechnung nach [Föl94] ermittelt werden. Die vollständige Herleitung ist in [RWM16] für den Zeitbereich zu finden, die Übertragung in den Wegbereich erfordert keine Anpassungen und es folgen an dieser Stelle nur die Formeln zur Auslegung und Berechnung der Trajektorien.

Für die Herleitung werden die Lagrange-Variablen $\vec{\lambda}(s) = [\lambda_1(s), \lambda_2(s), \lambda_3(s), \lambda_4(s)]^{\mathsf{T}}$ eingeführt, die schlussendlich eine eigene Integratorkette bilden und durch

$$\lambda_4(s) = u(s) \tag{2.39}$$

mit der vorherigen in Verbindung stehen. Dadurch können die beiden Integratorketten miteinander kombiniert werden und es resultiert als Lösung der einzelnen Variablen von $\vec{x}(s)$ und $\vec{\lambda}(s)$ ein Polynom siebten Grades,

$$\begin{bmatrix} x_1(s) \\ x_2(s) \\ x_3(s) \\ x_4(s) \\ \lambda_4(s) \\ \lambda_3(s) \\ \lambda_2(s) \\ \lambda_1(s) \end{bmatrix} = \begin{bmatrix} 1 & s & s^2 & s^3 & s^4 & s^5 & s^6 & s^7 \\ 0 & 1 & 2s & 3s^2 & 4s^3 & 5s^4 & 6s^5 & 7s^6 \\ 0 & 0 & 2 & 6s & 12s^2 & 20s^3 & 30s^4 & 42s^5 \\ 0 & 0 & 0 & 6 & 24s & 60s^2 & 120s^3 & 210s^4 \\ 0 & 0 & 0 & 0 & 24 & 120s & 360s^2 & 840s^3 \\ 0 & 0 & 0 & 0 & 0 & -120 & -720s & -2520s^2 \\ 0 & 0 & 0 & 0 & 0 & 0 & 720 & 5040s \\ 0 & 0 & 0 & 0 & 0 & 0 & 0 & -5040 \end{bmatrix} \begin{bmatrix} c_0 \\ c_1 \\ c_2 \\ c_3 \\ c_4 \\ c_5 \\ c_6 \\ c_7 \end{bmatrix} \tag{2.40}$$

dessen Koeffizienten $\vec{c} = [c_0, \ldots, c_7]^{\mathsf{T}}$ nun über die verbleibenden Bedingungen festgelegt werden können. Wie in [RWM16] lassen sich die Koeffizienten $\vec{c}_{0123} = [c_0, \ldots, c_3]^{\mathsf{T}}$ aus der Gleichung für die Optimaltrajektorie

$$\vec{x}(s) = \underbrace{\begin{bmatrix} 1 & s & s^2 & s^3 \\ 0 & 1 & 2s & 3s^2 \\ 0 & 0 & 2 & 6s \\ 0 & 0 & 0 & 6 \end{bmatrix}}_{:\mathbf{M}_1(s)} \vec{c}_{0123} + \underbrace{\begin{bmatrix} s^4 & s^5 & s^6 & s^7 \\ 4s^3 & 5s^4 & 6s^5 & 7s^6 \\ 12s^2 & 20s^3 & 30s^4 & 42s^5 \\ 24s & 60s^2 & 120s^3 & 210s^4 \end{bmatrix}}_{:\mathbf{M}_2(s)} \vec{c}_{4567} \tag{2.41}$$

durch Auswertung bei $s_0 = 0$ (wodurch $\mathbf{M}_2(0)$ entfällt)

$$\vec{c}_{0123} = \mathbf{M}_1^{-1}(0)\vec{D}_0 \tag{2.42}$$

bestimmen. Nach [RWM16] berechnen sich die Koeffizienten $\vec{c}_{4567}$ aus

$$\vec{c}_{4567} = \mathbf{M}_3^{-1}(s_e)\left(\vec{D}_{\text{Ziel}} - \mathbf{M}_1(s_e)\vec{c}_{0123}\right), \text{ mit } \mathbf{M}_3(s_e) = \mathbf{M}_2(s_e) - \begin{pmatrix} 0 & 0 & 0 & \frac{2520}{k_x} \\ 0 & 0 & 0 & 0 \\ 0 & 0 & 0 & 0 \\ 0 & 0 & 0 & 0 \end{pmatrix} \tag{2.43}$$

wodurch der optimale Verlauf der Relativtrajektorien bezüglich des Kostenfunktionals bestimmt werden kann.

Um nun die Anwendungsbeispiele aus Abbildung 2.15 umzusetzen, müssen $s_e$, $\vec{D}_0$, $\vec{D}_{\text{Ziel}}$ und $\dot{s}(t) \approx v_x$ entsprechend gewählt werden. Für Beispiel (a) und (b) liegen die Anfangs- und Endpunkte auf parallelen Verläufen zur Referenzlinie, wobei die Ableitungen von $d$ im Anfangs- und Endpunkt also zu null gewählt werden können. Beispiel (b) muss aus zwei Polynomverläufen konstruiert werden, da nur Anfangs- und Endpunkte, jedoch keine Punkte entlang des Weges festgelegt werden können. Im Anwendungsbeispiel (c) ist der Anfangszustand $\vec{D}_0$ abhängig von der aktuellen Fahrzeugbewegung, die entsprechend in Frenet-Koordinaten übertragen werden muss. In allen drei Anwendungsbeispielen lässt sich der Planungshorizont $s_e$ variieren, um den Zielzustand früher oder später und damit in der Regel mit höherer oder niedrigerer Dynamik zu erreichen. Die bezüglich $J_{\text{Relativplanung}}$ optimale Trajektorie ist deswegen nicht immer fahrbar, da sie unter Umständen die Ränder oder Objekte trifft oder die Kurvenkrümmung für die nachträglich zugeordnete Referenzgeschwindigkeit zu groß ist und das Fahrzeug dem Verlauf nicht folgen könnte.

Sowohl für die Zielerreichung der Trajektorie als auch für ihre Fahrbarkeit ist $s_e$ demnach von entscheidender Bedeutung. Den Planungshorizont kann man zwar direkt ins Gütefunktional (2.35) und die Optimierungsaufgabe als gesuchten Wert aufnehmen, allerdings sind die Polynome dann nicht mehr geschlossen berechenbar und es besteht weiterhin die Gefahr, dass die Trajektorie in der nachgelagerten Restriktionsprüfung durchfällt. In [Wer10] wird deswegen gleich eine ganze Schar an Trajektorien mit Variationen in $s_e$, aber auch in $\vec{D}_{\text{Ziel}}$ und dem Geschwindigkeitsverlauf $\dot{s}(t)$ erzeugt. Von den Trajektorien, die die Restriktionsprüfung überstehen, wird dann die mit dem geringsten Wert für $J_{\text{Relativplanung}}$ ausgewählt. Wieviele Trajektorienkandidaten geplant werden, hängt von der verfügbaren Rechenzeit ab. Diese setzt sich aus der Zeit für die Erstellung der Trajektorienschar und der für die nachgelagerte Restriktionsprüfung jeder einzelnen Trajektorie zusammen. Die Erstellung der Schar benötigt bei vorab berechneten und invertierten Matrizen nur wenig Rechenzeit. Die Ränderprüfung kann direkt im Frenet-Koordinatensystem erfolgen, da die Ränder ebenfalls relativ zur Referenzlinie abgespeichert werden. Aufwändig ist hingegen die Fahrbarkeitsprüfung. In [RWM16] wird durch

$$a_x = \ddot{s} \tag{2.44}$$

$$a_y = \ddot{d} + \kappa_R \dot{s}^2 \tag{2.45}$$

die Beschleunigung entlang der gesamten Trajektorie berechnet und auf stationäre Einhaltung der „g-g"-Begrenzung des Kamm'schen Kreises mit $a_x^2 + a_y^2 \leq a_{max}^2$ geprüft. Da der durch Trägheit begrenzte Längsruck $\dot{a}_x$ des Fahrzeugs nicht berücksichtigt wird, eignet sich diese Herangehensweise nicht, wenn das Fahrzeug im Grenzbereich auf einer Rennstrecke bewegt werden soll. In dieser Arbeit wird zur Prüfung der fahrdynamischen Beschränkungen ein anderes Verfahren genutzt, das im folgenden Abschnitt 2.2.4 vorgestellt wird.

### 2.2.4 Berechnung der Referenzgeschwindigkeit

Die Berechnung der Referenzgeschwindigkeit orientiert sich im Kontext der automatischen Fahrt auf der Rennstrecke an der Fahrweise eines Rennfahrers und damit am fahrphysikalischen Maximum des eingesetzten Fahrzeugs. Um dieses Maximum algorithmisch zu beschreiben, wird der in Abschnitt 2.2.1 vorgestellte Kamm'sche Kreis als Annäherung für die möglichen Fahrzeugbeschleunigungen genutzt. Das hierzu verwendete und in [Kri12] beschriebene Verfahren erzeugt ein Geschwindigkeitsprofil, das die maximal möglichen Fahrzeugbeschleunigungen in Längs- und Querrichtung entlang der Referenzlinie berücksichtigt. In einem vierstufigen Verfahren werden zuerst die maximalen Kurvengeschwindigkeiten ermittelt, insbesondere die am Scheitelpunkt. Beginnend an diesem Punkt berechnet der Algorithmus, mit welcher Geschwindigkeit die Kurve verlassen werden kann und ab wann das Fahrzeug davor verzögert werden muss. Im letzten Schritt wird durch die Begrenzung des Längsrucks gewährleistet, dass die Längsbeschleunigung vom Fahrzeug auch umsetzbar ist. Für die Geschwindigkeitsberechnung wird das Fahrzeug als vereinfachte Punktmasse betrachtet. Zudem wird die Fahrt auf der Referenzlinie als Bewegung auf einer Kreisbahn mit stückweise konstanter Geschwindigkeit angenähert. Für eine Punktmasse auf einer Kreisbahn mit dem Radius $r = 1/|\kappa|$ lässt sich die für den Kurvenverlauf erforderliche Zentripetalbeschleunigung

$$a_y = v_x^2 \cdot \kappa \tag{2.46}$$

nach der gesuchten Geschwindigkeit $v_x$ umstellen. Mit dem Beschleunigungsmaximum nach Gleichung (2.28), dem Krümmungsverlauf der Referenzlinie $\kappa_R(s)$ und der Annahme, dass bei maximaler Querbeschleunigung für die Längsbeschleunigung $a_x = 0$ gilt, folgt

$$v_{x,max}^*(s) = \sqrt{\frac{a_{max}}{|\kappa_R(s)|}}, \quad s \in 0 \ldots s_{max} \tag{2.47}$$

$$v_{x,max}(s) = \min\left(v_{x,lim}, v_{x,max}^*(s)\right), \text{ mit } \quad v_{x,lim} = f(\text{Motorleistung, Fahrwiderstand}) \tag{2.48}$$

als Grenze für die Fahrgeschwindigkeit entlang der Referenzlinie. Die so beschränkte Geschwindigkeit ist vor allem am Kurvenscheitelpunkt relevant, da nur dort die Nebenbedingung $a_x(s) = 0$ gewünscht ist. Auf dem weiteren Verlauf der Referenzlinie soll das Fahrzeug entweder beschleunigt oder verzögert werden. Abbildung 2.16 illustriert anhand einer fiktiven Strecke mit zwei Kurven, wie diese Aussage zu verstehen ist. Unten ist der Rundkurs mit dem zugehörigen Verlauf der Referenzkrümmung gezeigt. Die grau gestrichelte Linie in der oberen Abbildung zeigt die nach Gleichung (2.48) berechnete Grenze für die Geschwindigkeit. Dieser liegt jedoch eine rein statische Betrachtung zugrunde und das Fahrzeug wäre nicht in der Lage, diesem Profil zu folgen. Der schwarz eingezeichnete Verlauf zeigt, welche Geschwindigkeit das Fahrzeug bei maximaler Beschleunigung nach dem Kurvenscheitelpunkt überhaupt erreichen kann. Das strich punktiert eingezeichnete Profil „Bremsen" weist auf, welche Geschwindigkeit nicht überschritten werden darf, damit das Fahrzeug unter maximalem Bremsverzögerung nicht zu schnell am Kurvenscheitelpunkt ist. Demnach sollte jeweils bei $s = 35\,\mathrm{m}$ und $s = 160\,\mathrm{m}$ von Beschleunigen zu Bremsen gewechselt werden. Da der Beginn der Bremsmanöver aber anfänglich unbekannt ist, wird die Berechnung des Geschwindigkeitsprofils in die abgebildeten Zwischenschritte aufgeteilt. Zuerst wird für das Herausbeschleunigen aus Kurven mit positiven Beschleunigungen $a_x(s) \geq 0$ regulär integriert, anschließend für das Verzögern vor Kurven mit $a_x(s) \leq 0$ rückwärts gerechnet und immer das Minimum beider Profile gewählt. Startet die Vorwärts- und Rückwärtsintegration nicht bei $s = 0$, sondern am Streckenpunkt mit der größten Kurvenkrümmung (in der Abbildung also bei $s \approx 215\mathrm{m}$) und dadurch geringsten Geschwindigkeit, ist eine Vorwärts- und eine Rückwärtsintegration ausreichend. Um die folgende Erläuterung einfach zu halten, wird $s = 0$ trotzdem als Startposition verwendet.

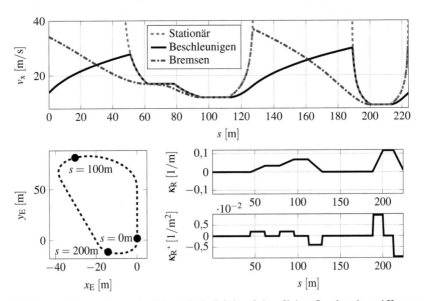

**Abbildung 2.16:** Berechnung der Fahrgeschwindigkeit auf einer fiktiven Strecke mit zwei Kurven

Das Verfahren wird zunächst anhand der Vorwärtsiteration mit $a_x(s) \geq 0$ erklärt. Die situationsabhängig zur Verfügung stehende Längsbeschleunigung $a_x(s)$ kann über die Kopplung von Quer- und Längsdynamik nach dem Kamm'schen Kreis über $\sqrt{a_y{}^2(s) + a_x{}^2(s)} \leq a_{\max}$ ermittelt werden. Die Integration geschieht iterativ, da erst nach Berechnung der Geschwindigkeit $v_x(s_i)$ die resultierende Querbeschleunigung $a_y(s_i)$ und damit die erlaubte Längsbeschleunigung $a_x(s_i)$ bestimmt werden kann. Die Referenzlinie wird für die Iteration mit der Schrittweite $\Delta s$

$$s_i = i \cdot \Delta s, \quad i \in \left[0, 1, \dots, n = \frac{s_{max}}{\Delta s}\right] \tag{2.49}$$

äquidistant abgetastet. Die Integration muss zunächst über

$$a_x(s) = \frac{dv_x(s)}{dt} = \frac{dv_x(s)}{ds}\frac{ds}{dt} = \frac{dv_x(s)}{ds}v_x(s)$$
$$\Leftrightarrow \quad a_x(s)ds = v_x(s)dv_x(s)$$
$$\Leftrightarrow \quad \int a_x(s)ds = \int v_x(s)dv_x(s)$$

in den Wegbereich überführt werden. Unter der Annahme, dass die Beschleunigung $a_x(s) = a_x(s_i)$ auf dem Teilintervall $s \in [s_i, s_{i+1}]$ stückweise konstant ist, lässt sich die Integration lösen

$$\int_{s_i}^{s_{i+1}} a_x(s)ds = \int_{v_x(s_i)}^{v_x(s_{i+1})} v_x(s)dv_x(s)$$
$$\Leftrightarrow \quad a_x(s_i) \cdot s\big|_{s_i}^{s_{i+1}} = \frac{1}{2}v_x^{\,2}(s)\big|_{v_x(s_i)}^{v_x(s_{i+1})}$$
$$\Leftrightarrow \quad a_x(s_i)\underbrace{(s_{i+1} - s_i)}_{=\Delta s} = \frac{1}{2} \cdot \left(v_x^{\,2}(s_{i+1}) - v_x^{\,2}(s_i)\right) \tag{2.50}$$

und nach der gesuchten Geschwindigkeit

$$v_x(s_{i+1}) = \sqrt{v_x^{\,2}(s_i) + 2 \cdot a_x(s_i) \cdot \Delta s} \tag{2.51}$$

umstellen. Unter Berücksichtigung der maximalen Beschleunigung aus Gleichung (2.28) kann die Vorwärtsintegration für positive Beschleunigungen für die gesamte Strecke mit $i \in 0, 1, \dots n$ erfolgen. Dadurch entsteht das Zwischenergebnis $v_{x,VI}$, der Index VI steht für „Vorwärts-Integration". Dazu wird ausgehend vom ersten Streckenpunkt $s_0$ iterativ die Querbeschleunigung und der Kandidat für die Längsbeschleunigung $a_x^*$ für den aktuell betrachteten Streckenpunkt $s_i$ über

$$a_{y,VI}^*(s_i) = v_{x,VI}^{\,2}(s_i) \cdot \kappa_R(s_i) \tag{2.52}$$
$$a_x^*(s_i) = +\sqrt{a_{max}^{\,2} - a_{y,VI}^{*\,2}(s_i)} \tag{2.53}$$

ermittelt. Die durch optimales Beschleunigen mögliche Geschwindigkeit

$$v_x^*(s_{i+1}) = \sqrt{v_{x,VI}^{\,2}(s_i) + 2 \cdot a_x^*(s_i) \cdot \Delta s} \tag{2.54}$$

muss zusätzlich noch mit der maximal fahrbaren Geschwindigkeit begrenzt werden:

$$v_{x,VI}(s_{i+1}) = \min\left(v_x^*(s_{i+1}), v_{x,\max}(s_{i+1})\right) \tag{2.55}$$

Für die Rückwärtsintegration mit $i \in n$, $n-1, \ldots 1,0$ muss immer die Beschleunigung für den Punkt $s_{i-1}$ berechnet werden. Hier ist zu beachten, dass für den Punkt $s_{i-1}$ die Querbeschleunigung des Punktes $s_i$ genutzt wird, da nur dort die Geschwindigkeit bereits berechnet wurde. Die Längsbeschleunigung wird deswegen über

$$a_{y,RI}^*(s_i) = v_{x,RI}^2(s_i) \cdot \kappa_R(s_i) \tag{2.56}$$

$$a_x^*(s_{i-1}) = -\sqrt{a_{\max}^2 - a_{y,RI}^*{}^2(s_i)} \tag{2.57}$$

berechnet, der Index RI steht für „Rückwärts-Integration". Da im Allgemeinen $\kappa(s_{i-1}) \neq \kappa(s_i)$ ist, entsteht dadurch ein Fehler bei der Berechnung, der von Krümmungsänderung und Schrittweite abhängig ist. Im Falle einer typischerweise zuziehenden Kurve werden durch diesen Fehler die resultierenden Bremsmanöver minimal konservativer und die Fahrbarkeitsgrenzen somit nicht verletzt. Nun kann mit der gesuchten Geschwindigkeit der Rückwärtsintegration

$$v_x^*(s_{i-1}) = \sqrt{v_{x,RI}^2(s_i) - 2 \cdot a_x^*(s_{i-1}) \cdot \Delta s} \tag{2.58}$$

$$v_{x,RI}(s_{i-1}) = \min\left(v_x^*(s_{i-1}), v_{x,VI}(s_{i-1})\right), \tag{2.59}$$

die fahrbare Geschwindigkeit auf der Referenzlinie bestimmt werden. Anschließend lässt sich die endgültige Längsbeschleunigung nach Gleichung (2.50) durch

$$a_{x,RI}(s_i) = \frac{v_{x,RI}(s_{i+1})^2 - v_{x,RI}(s_i)^2}{2 \cdot \Delta s}, \qquad \forall i \in 0, 1, \ldots n \tag{2.60}$$

neu bestimmen.

Abbildung 2.17 (a) zeigt die Zwischenergebnisse der beschriebenen Geschwindigkeitsberechnung: Im oberen Diagramm sind die Teilergebnisse für die Geschwindigkeitsprofile, im unteren die für die Beschleunigungen dargestellt. Zusätzlich ist die stationäre Maximalgeschwindigkeit $v_{x,\max}$ eingezeichnet. Der Verlauf für $a_{x,VI}$ berücksichtigt nur das positive Beschleunigungsvermögen des Fahrzeugs und verletzt beim Bremsen die Beschränkungen nach Gleichung (2.28). Das bei der Rückwärtsintegration erzeugte $v_{x,RI}$ ermittelt hingegen negative Bremsbeschleunigungen $a_{x,RI}$, die innerhalb der Grenzen liegen. Der Bremsvorgang muss deswegen bereits bei $s \approx 180$m beginnen.

Der instantane Wechsel von Beschleunigung zu Bremsen und die dazugehörige Spitze im Geschwindigkeitsprofil sind jedoch praktisch nicht umsetzbar. Im vierten und letzten Schritt muss der Algorithmus deswegen gewährleisten, dass die Geschwindigkeiten von der Fahrzeugaktorik überhaupt realisierbar sind. Limitierend ist dabei die maximal mögliche Änderung der Längsbeschleunigung $\dot{a}_{x,\max}$, die einschränkt, wie schnell das Fahrzeug von einem

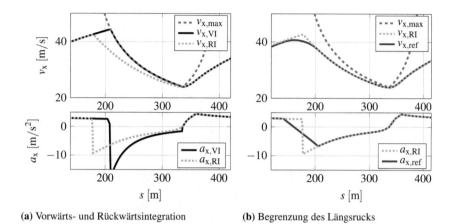

**(a)** Vorwärts- und Rückwärtsintegration   **(b)** Begrenzung des Längsrucks

**Abbildung 2.17:** Resultierende Profile für die Kurve aus Abbildung 2.13

Beschleunigungsvorgang in ein Bremsmanöver wechseln kann und umgekehrt. Für das Profil muss

$$\left| \dot{a}_{x,ref}(s) \right| \leq \dot{a}_{x,max} \tag{2.61}$$

gelten. In [Kri12] wird der Längsruck nicht begrenzt und auch keine Methode dafür vorgestellt. Eine einfache Variante ist es, den Ruck zwischen Nachbarelementen lokal zu überprüfen und gegebenenfalls anzupassen. Da sich hierdurch auch das Verhältnis zu den nächsten Nachbarelementen ändert, muss mehrfach durch das Profil iteriert werden. Aus diesem Grund wurde für diese Arbeit ein effizienteres Verfahren für die Begrenzung des Längsrucks erarbeitet und wird im Anhang A.1 vorgestellt. Ist das Geschwindigkeitsprofil mit dieser Beschränkung final angepasst, erhält man das fahrzeugspezifische, maximale Geschwindigkeitsprofil entlang der gegebenen Referenzlinie, das als $v_{x,Referenz} = v_{x,ref}$ bezeichnet wird. Abbildung 2.17 (b) zeigt das Ergebnis der Längsruckbegrenzung, wodurch $v_{x,ref}$ einen runden Übergang im Geschwindigkeitsprofil und einen linearen Verlauf ohne Sprungstellen im Beschleunigungsprofil aufweist.

## 2.3 Regelungskonzepte für die vollautomatische Fahrt im Grenzbereich

Bisher wurde nur allgemein auf die Fahrdynamikregelung (FDR) verwiesen. Diese fächert sich jedoch ebenfalls auf mehrere Unteraufgaben auf, wobei die Quer- und die Längsdynamik getrennt voneinander betrachtet werden: Für die Querführung ist ein zusätzlicher innerer Regelkreis für die Lenkwinkelregelung (LWR) notwendig und bei der Längsführung die Aufteilung in getrennte Regelkreise für positive und negative Beschleunigung. Abbildung

2.18 zeigt einen möglichen Aufbau einer Fahrfunktion für die vollautomatische Fahrt mit getrennten Regelkreisen für die Längs- und Querdynamik. Die in Abschnitt 2.2 vorgestellten Algorithmen sind hier unter der Bahnplanung zusammengefasst und liefern die Sollgrößen für die parallelen Regelkreise. Die Querdynamikregelung (QDR) ist nach dem Schema einer Reglerkaskade aufgebaut, um die Modellierung der Regelstrecke aufzuteilen und so die Reglerauslegung zu vereinfachen. Die Bahnfolgeregelung wünscht sich einen Lenkwinkel als virtuelle Stellgröße, der erst durch die Lenkwinkelregelung mit der realen Stellgröße Lenkmoment umgesetzt wird. In der Längsdynamikregelung (LDR) werden Beschleunigungs- und Bremskräfte direkt vorgegeben und es ist kein innerer Regelkreis notwendig.

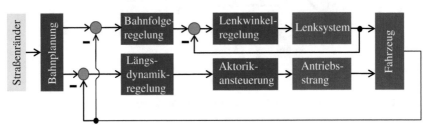

**Abbildung 2.18:** Möglicher Regelkreis einer automatischen Fahrfunktion

### 2.3.1 Querdynamische Bahnfolgeregelung

Die querdynamische Bahnfolgeregelung wirkt über eine virtuelle Stellgröße auf das Fahrzeug: Die Querkraft $F_{yv}$ an der Vorderachse, die für das Folgen der Ideallinie notwendig ist, stellt die Sollgröße $F_{yv,ref}$ und den daraus berechneten Lenkwinkel $\delta_{v,ref}$ für die unterlagerte Lenkwinkelregelung dar. Im nachfolgenden Kapitel 3 wird illustriert, welche Anforderungen vom gesamten Regelkreis erfüllt sein müssen, doch an dieser Stelle werden diese Erkenntnisse zunächst als gegeben hingenommen. Die Vorgabe der erforderlichen Querkraft soll physikalisch korrekt sein, deshalb ist eine Kompensation von Reglerungenauigkeiten oder externen Störungen durch künstliche Erhöhung oder Verringerung der Sollgröße $F_{yv,ref}$ zunächst nicht gewünscht. Unter diesen Randbedingen empfiehlt sich der Einsatz eines modellbasierten Ansatzes zur Bahnfolgeregelung. Besonders gut eignet sich dafür das „receding horizon"-Verfahren mit einem querdynamischen Fahrzeugmodell als Regelstrecke [Erl15]. Auch als Model Predictive Controller (MPC) bekannt, wird dieser Ansatz in Veröffentlichungen wie [BFK+05], [PFE+08], [GLB+10] und [MMK+08] verwendet. Der hier vorgestellte modellprädiktive Regler ist eine Variante der in [Bea11] und [Erl15] gezeigten Arbeiten.

Die Grundidee des MPC-Ansatzes ist die Berechnung eines zukünftigen Stellgrößenverlaufs, der die Regelstrecke aus dem aktuellen Zustand in einen gewünschten Zielzustand überführt und dabei bezüglich einer anwendungsspezifischen Bewertungsfunktion optimal ist. Von diesem Stellgrößenverlauf wird immer nur ein Wert weitergegeben und die Berechnung wird in jedem Zeitschritt mit aktuellen Messdaten erneut durchgeführt. Die Berechnung der optimalen Stellgröße kann bei linearen, unbeschränkten Systemen durch die explizite Lösung eines geschlossenen Minimierungsproblems erfolgen. Ist die Regelstrecke nichtlinear oder das Optimierungsproblem durch Nebenbedingungen eingeschränkt, müssen andere Lösungsverfahren eingesetzt werden. Mathematische Optimierung lässt sich zur Regelung einsetzen, indem beispielsweise die Dynamik der Regelstrecke als Nebenbedingung eines Minimierungsproblems vorgegeben wird. Abhängig vom eingesetzten Lösungsverfahren muss das Optimierungsproblem (und damit die Strecke) diskretisiert und auf einen festen Berechnungshorizont reduziert werden. Eine mögliche Formulierung aus Gütekriterium $J_{\text{MPC}}$ und Nebenbedingungen

$$\min_{u} \quad J_{\text{MPC}} = \sum_{k=2}^{N} \|\vec{x}(k)\|_{\mathbf{Q}} + \sum_{k=1}^{N-1} \|u(k)\|_{\mathbf{R}} \tag{2.62}$$

$$\text{u.N.} \quad \vec{x}(k+1) = \mathbf{A} \cdot \vec{x}(k) + \vec{b} \cdot u(k) \tag{2.63}$$

sucht demnach nach dem Stellgrößenverlauf $u$, der der Systemgleichung (2.63) gehorcht und bezüglich anwendungsspezifischen Gewichtungsmatrizen $\mathbf{Q}$ und $\mathbf{R}$ optimal ist. Beschränkungen (Stellgröße, Zustände, ...) können über weitere Nebenbedingungen berücksichtigt werden.

Zunächst wird die Formulierung einer geeigneten Regelstrecke vorgestellt. In [Bea11] wird die Querkraft an der Vorderachse $F_{\text{yv}}$ als virtuelle Stellgröße für ein linearisiertes Einspurmodell betrachtet. Dadurch entfallen in Gleichungssystem (2.15) die Abhängigkeiten von $c_{\alpha,\text{v}}$ und

$$\begin{bmatrix} \dot{\beta} \\ \ddot{\psi} \end{bmatrix} = \begin{bmatrix} -\frac{c_{\alpha h}}{m v_x} & \left( \frac{c_{\alpha h} l_h}{m v_x^2} - 1 \right) \\ \frac{c_{\alpha h} l_h}{\Theta_{zz}} & -\frac{c_{\alpha h} l_h^2}{\Theta_{zz} v_x} \end{bmatrix} \begin{bmatrix} \beta \\ \dot{\psi} \end{bmatrix} + \begin{bmatrix} \frac{1}{m v_x} \\ \frac{l_v}{\Theta_{zz}} \end{bmatrix} F_{\text{yv}} \tag{2.64}$$

ist die neue Systembeschreibung mit $u = F_{\text{yv}}$. Durch die in [Erl15] gezeigte Einführung von zwei zusätzliche Zuständen lässt sich aus einem reinen Einspurmodell ein Modell zur Bahnfolgeregelung generieren. Dafür werden erneut Frenet-Koordinaten aus Abschnitt 2.1.1 eingesetzt. Abbildung 2.19 zeigt das Einspurmodell und den schematischen Verlauf der Referenzlinie R.

Die laterale Abweichung $d$ und der Kurswinkelfehler $\Delta\psi = \psi_{\text{K}} - \psi_{\text{R}}$ beschreiben den Regelfehler bezogen auf die Referenzlinie. Das zeitliche Verhalten dieser neuen Zustände ist durch

$$\dot{d} = v_x \sin(\Delta\psi) + v_y \cos(\Delta\psi) \tag{2.65}$$

$$\frac{d\Delta\psi}{dt} = (\dot{\Delta\psi}) = \dot{\psi}_{\text{K}} - \dot{\psi}_{\text{R}}, \tag{2.66}$$

mit den Vereinfachungen

$$v_y \approx v_x \cdot \beta, \quad \dot{\psi}_{\text{K}} \approx \dot{\psi}, \quad \sin(\Delta\psi) \approx \Delta\psi \quad \text{und} \quad \cos(\Delta\psi) \approx 1, \tag{2.67}$$

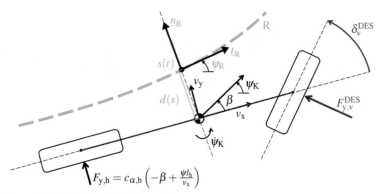

**Abbildung 2.19:** Modell zur Bahnfolgeregelung

abhängig von der Fahrzeugbewegung und der Winkeländerung der Referenzlinie [Erl15]. Die Referenzstrecke wird über einen zusätzlichen Term berücksichtigt und es kann zunächst ein neues Gleichungssystem ohne die Winkeländerung der Referenzstrecke, d.h. $\dot{\psi}_R = 0$, durch

$$
\underbrace{\begin{bmatrix} \dot{\beta} \\ \ddot{\psi} \\ (\dot{\Delta\psi}) \\ \dot{d} \end{bmatrix}}_{\vec{\dot{x}}_c} = \underbrace{\begin{bmatrix} -\frac{c_{\alpha h}}{mv_x} & \left(\frac{c_{\alpha h}l_h}{mv_x^2} - 1\right) & 0 & 0 \\ \frac{c_{\alpha h}l_h}{\Theta_{zz}} & -\frac{c_{\alpha h}l_h^2}{\Theta_{zz}v_x} & 0 & 0 \\ 0 & 1 & 0 & 0 \\ v_x & 0 & v_x & 0 \end{bmatrix}}_{\mathbf{A}_c} \underbrace{\begin{bmatrix} \beta \\ \psi \\ \Delta\psi \\ d \end{bmatrix}}_{\vec{x}_c} + \underbrace{\begin{bmatrix} \frac{1}{mv_x} \\ \frac{l_v}{\Theta_{zz}} \\ 0 \\ 0 \end{bmatrix}}_{\vec{b}_{c,F}} F_{yv} \qquad (2.68)
$$

aufgestellt werden. Dieses Gleichungssystem ist nur von der Fahrzeugdynamik abhängig und eignet sich zur Kursregelung auf Referenzstrecken ohne Kurven ($\dot{\psi}_R = 0$). Bei kurvigen Referenzstrecken ist $\dot{\psi}_R$ abhängig von der Krümmung und dem Fortschritt $s$ entlang der Referenzbahn. Der Frenet-Parameter $s$ und die Winkeländerung ist durch

$$ \dot{s} = v_x \cos(\Delta\psi) + v_y \sin(\Delta\psi) \qquad (2.69) $$
$$ \dot{\psi}_R = \dot{s} \cdot \kappa_R(s) \qquad (2.70) $$

abhängig von Fahrzeuggeschwindigkeit, -orientierung und Referenzkrümmung. Die Variable s wird nicht in die Systembeschreibung aufgenommen, da bei guter Regelung die Querabweichungen d klein sind und damit die Vereinfachung

$$ \dot{s} \approx v_x \qquad (2.71) $$

zulässig ist. Da bei diesem Einspurmodell von einer stückweise konstanten Fahrgeschwindigkeit $v_x$ ausgegangen wird, kann die Referenzkrümmung extern abgetastet und als konstanter Parameter betrachtet werden. Dadurch lässt sich die Information über die Referenzlinie als zusätzlicher Stellgrößenvektor

$$\vec{b}_{c,R} = \begin{bmatrix} 0, & 0, & -v_x \cdot \kappa_R(s), & 0 \end{bmatrix}^T \qquad (2.72)$$

darstellen. Durch Erweiterung der Regelstrecke zu

$$\dot{\vec{x}}_c = \mathbf{A}_c \cdot \vec{x}_c + \vec{b}_{c,F} \cdot u + \vec{b}_{c,R} \qquad (2.73)$$

erhält man ein vollständiges Zustandsraummodell für die Fahrzeugbewegung entlang gekrümmter Referenzstrecken bei konstanter Geschwindigkeit. Der Index c steht für das englische Wort continuous, denn dieses zeitkontinuierliche Modell muss noch diskretisiert werden, damit es für den MPC-Algorithmus einsetzbar ist. Mit der diskreten Abtastzeit $T$ und der Annahme, dass die Stellgröße $u(k)$ und die Referenzkrümmung $\kappa_R(s)$ zwischen zwei Zeitpunkten $t_k = k \cdot T$ und $t_{k+1} = (k+1) \cdot T$ konstant bleibt, erlaubt

$$\vec{x}(k+1) = e^{\mathbf{A}_c T} \cdot \vec{x}(k) + \int_{kT}^{(k+1)T} e^{\mathbf{A}_c((k+1)T-l)} \vec{b}_{c,F} \, dl \cdot u(k) +$$

$$+ \int_{kT}^{(k+1)T} e^{\mathbf{A}_c((k+1)T-l)} \vec{b}_{c,R} \, dl \qquad (2.74)$$

die Berechnung des Systemzustands im Abtastschritt $k+1$. Die Faltungsintegrale von $\vec{b}_{c,F}$ und $\vec{b}_{c,R}$ lassen sich bei vorheriger Berechnung der zeitdiskreten $\mathbf{A}_d$-Matrix mithilfe der Fundamentalmatrix $e^{\mathbf{A}_c T}$ auch durch

$$\mathbf{A}_d = e^{\mathbf{A}_c T} \qquad (2.75)$$

$$\vec{b}_{d,F} = \mathbf{A}_c^{-1} [\mathbf{A}_d - \mathbf{I}] \vec{b}_{c,F} \qquad (2.76)$$

$$\vec{b}_{d,R} = \mathbf{A}_c^{-1} [\mathbf{A}_d - \mathbf{I}] \vec{b}_{c,R} \qquad (2.77)$$

lösen und zur Bestimmung der zeitdiskreten Regelkreisglieder nutzen [Lun10b]. Das zeitdiskrete Zustandsraummodell ist mit

$$\vec{x}(k+1) = \mathbf{A}_d \cdot \vec{x}(k) + \vec{b}_{d,F} \cdot u(k) + \vec{b}_{d,R} \qquad (2.78)$$

definiert. Es wird nun das konvexe Optimierungsproblem

$$\min_{u} \quad J_{MPC} = \sum_{k=2}^{N} (\vec{x}(k))^T \mathbf{Q}(k) \vec{x}(k) +$$

$$+ \sum_{k=1}^{N-1} (u(k) - u(k-1))^T \mathbf{R}(k) (u(k) - u(k-1)) \qquad (2.79)$$

$$\text{u.N.} \quad \vec{x}(k+1) = \mathbf{A}_d(k) \cdot \vec{x}(k) + \vec{b}_{d,F}(k) \cdot u(k) + \vec{b}_{d,R}(k) \qquad \forall\, k = 0,\dots,N-1 \quad (2.80)$$

$$|u(k)| \leq F_{yv}^{MAX} \qquad \forall\, k = 1,\dots,N-1 \quad (2.81)$$

mit einer implementierungsspezifischen Anzahl von Abtastpunkten $N$ aufgestellt. Ohne weitere Ausführung sind $\mathbf{A}_d(k)$, $\vec{b}_{d,F}(k)$ und $\vec{b}_{d,R}(k)$ abhängig vom Abtastzeitpunkt, da sich die Fahrgeschwindigkeit $v_x(k)$ und die Referenzkrümmung $\kappa_R(s(k))$ im Verlauf des Prädiktionshorizonts ändern können. Für die Umsetzung eines modellprädiktiven Reglers wird der gemessene oder beobachtete Fahrzustand $\vec{x}(0)$ und die Stellgröße der vorangegangenen Iteration $u(0) = F_{yv,ref}^{Iter-1}$ benötigt. Die Stellgrößenbeschränkung (2.81) ermöglicht die Vorgabe einer maximal erlaubten Querkraft an der Vorderachse $F_{yv}^{MAX}$, die dem tatsächlichen Maximum der Reifenkräfte entsprechen oder auch geringer sein kann. Diese Nebenbedingung ermöglicht die Berücksichtigung von nichtlinearen Reifenkennlinien, allerdings wird das Optimierungsproblem dadurch auch beschränkt und erfordert ein nichtlineares Lösungsverfahren. Über die Gewichtungsmatrizen $\mathbf{Q}(k)$ und $\mathbf{R}(k)$ wird das gewünschte Optimalitätskriterium angepasst. Für die Anwendung als Trajektorienregler werden die Abweichungen zur Referenzlinie mittels

$$\mathbf{Q}(k) = \begin{bmatrix} 0 & 0 & 0 & 0 \\ 0 & 0 & 0 & 0 \\ 0 & 0 & Q_{\Delta\psi}(k) & 0 \\ 0 & 0 & 0 & Q_d(k) \end{bmatrix} \qquad (2.82)$$

bewertet. Eine direkte Bewertung der Stellgröße $u = F_{yv}$ ist nicht gewünscht, da große Querkräfte für das Folgen der Referenzlinie notwendig sein können. Stattdessen bewertet

$$\mathbf{R}(k) = R_{\Delta u}(k) \qquad (2.83)$$

die Änderungen von $u$. Durch die Gewichtung von Stellgrößendifferenzen werden ruckartige Änderungen im resultierenden Lenkwinkel bestraft. Durch die Gewichtung von $u(1) - u(0)$, also der Änderung zur kommandierten Stellgröße der letzten Iteration, wird dies auch zwischen zwei Ausführungen des MPC gewährleistet.

Nun soll der optimale Stellgrößenverlauf $u$ über ein geeignetes mathematisches Lösungsverfahren gefunden werden. Von diesem wird der erste berechnete Wert $F_{yv,ref} = u(k = 1)$ als virtuelle Stellgröße an die Lenkwinkelregelung weitergegeben. Eine mögliche Implementierung mithilfe der Software CVXGEN [MB11] wurde in [Erl15] gezeigt und hier nachgebildet. Sie wird nicht weiter vertieft, weil in der Bahnfolgeregelung keine relevanten Erweiterungen für das spätere Mentorensystem notwendig sind.

### 2.3.2 Lenkwinkelregelung

Die Lenkwinkelregelung (LWR) erhält von der Bahnfolgeregelung die gewünschte Querkraft $F_{yv,ref}$ an der Vorderachse, die in einen Lenkwinkel übersetzt und über Lenkmomente eingeregelt wird. Die Lenkwinkelregelung setzt sich aus einer Vorsteuerung (OL: Open-Loop) und einer PID-Regelung (CL: Closed-Loop) zusammen.

$$M_{Ext} = M_{LWR} = M_{LWR}^{OL} + M_{LWR}^{CL} \qquad (2.84)$$

$M_{\text{Ext}}$ ist nach Abbildung 2.10 das an die Lenkung kommandierte Moment. Die enthaltene Vorsteuerung nutzt die Modellierung des Lenksystems und das vom MPC berechnete $F_{\text{yv,ref}}$, um die auf die Spurstange wirkenden Lenkkräfte durch

$$M_{\text{Align,ref}} = n_{r,\alpha_{v,sl}} \cdot F_{\text{yv,ref}} \qquad (2.85)$$

$$n_{r,\alpha_{v,sl}} = f(\alpha_{v,ref}) \qquad (2.86)$$

zu antizipieren. Damit wird das erwartete Lenkmoment nach Gleichung (2.87) ermittelt.

$$M_{\text{LWR}}^{\text{OL}} = i_{\text{EPS}} \cdot i_s \cdot M_{\text{Align,ref}} \qquad (2.87)$$

Für die PID-Regelung wird der Lenkwinkelfehler $e_\delta$, sowie seine Ableitung $\dot{e}_\delta$ und sein Integral $\int e_\delta dt$ berechnet. Dafür muss zunächst aus der vom Bahnfolgeregler gewünschten Querkraft an der Vorderachse $F_{\text{yv,ref}}$ der resultierende Lenkwinkel errechnet werden. Das Reifenmodell nach Gleichung (2.9) wird invertiert, um den notwendigen Schräglaufwinkel $\alpha_{v,ref}$ und damit den Soll-Lenkwinkel an der Vorderachse $\delta_{v,ref}$ mithilfe von

$$\alpha_{v,ref} = f(F_{\text{yv,ref}}) \qquad (2.88)$$

$$\delta_{v,ref} = \alpha_{v,ref} + \beta + \frac{\dot{\psi} l_v}{v_x} \qquad (2.89)$$

zu berechnen. Der Lenkwinkelfehler bezieht sich nicht auf den Lenkwinkel an den Vorderrädern, sondern am Lenkritzel, wodurch eine Konvertierung in der Berechnung des Lenkwinkelfehlers

$$e_\delta = \delta_{v,ref} \cdot i_l - \delta_H^* \qquad (2.90)$$

notwendig ist. Die PID-Regelung ist zusätzlich von der Änderung des aktuellen Handlenkwinkels $\dot{\delta}_H^*$ abhängig, wodurch Schwingungen im Lenksystem gedämpft werden. Nach der Gleichung

$$M_{\text{LWR}}^{\text{CL}} = k_{e_\delta} \cdot e_\delta + k_{\dot{e}_\delta} \cdot \dot{e}_\delta + k_{\int e_\delta dt} \cdot \int e_\delta dt + k_{\dot{\delta}_H^* \text{CUR}} \cdot \dot{\delta}_H^* \qquad (2.91)$$

mit den einstellbaren Faktoren $k_{e_\delta}$, $k_{\dot{e}_\delta}$, $k_{\int e_\delta dt}$ und $k_{\dot{\delta}_H^* \text{CUR}}$, wird der Regelungsanteil im additiven Lenkmoment berechnet.

### 2.3.3 Längsdynamikregelung

Ähnlich wie bei der Lenkung besteht die Längsdynamikregelung aus einem Vorsteuerungs- und einem Regelungsanteil, den hier ein PD-Regler liefert. Um im Gaspedal eine andere Regelungsdynamik als in der Bremse umsetzen zu können, wird der Regelungsanteil getrennt für das Beschleunigen und das Bremsen berechnet und an die jeweilige Aktorikansteuerung weitergegeben. Für die Ansteuerung des Gaspedals wird die Längskraft $F_{\mathrm{x,ref}}^{\mathrm{Pos}}$ und für die Bremse die Längskraft $F_{\mathrm{x,ref}}^{\mathrm{Neg}}$ über die Gleichungen

$$F_{\mathrm{x,ref}}^{\mathrm{Pos}} = k_{\mathrm{T,GP}} \cdot F_{\mathrm{x}}^{\mathrm{OL}} + F_{\mathrm{x,GP}}^{\mathrm{CL}} \tag{2.92}$$

$$F_{\mathrm{x,ref}}^{\mathrm{Neg}} = k_{\mathrm{T,BP}} \cdot F_{\mathrm{x}}^{\mathrm{OL}} + F_{\mathrm{x,BP}}^{\mathrm{CL}} \tag{2.93}$$

ermittelt, wobei $k_{\mathrm{T,GP}}$ und $k_{\mathrm{T,BP}}$ eine Abstimmung des Vorsteuerungsanteils zulassen. Die Berechnung des Vorsteueranteils richtet sich, ähnlich wie in [Kri12] und [Wal09], nach der Sollbeschleunigung $a_{\mathrm{x}}(s)$ und den aktuell auf das Fahrzeug wirkenden Längskräften durch den Luft-, Roll- und Steigungswiderstand sowie einem von der aktuellen Querbeschleunigung abhängigen Term. Die Vorsteuerung $F_{\mathrm{x}}^{\mathrm{OL}}$ benötigt mehrere Fahrzeugparameter wie Fahrzeugmasse $m$, Luftwiderstandsbeiwert $c_{\mathrm{w}}$, Stirnfläche $A_{\mathrm{Stirn}}$ und experimentell bestimmte Parameter wie dem Rollwiderstand und ist durch

$$F_{\mathrm{x}}^{\mathrm{OL}} = F_{\mathrm{x,Beschleunigung}} + F_{\mathrm{x,Luft}} + F_{\mathrm{x,Steigung}} + F_{\mathrm{x,Roll}} \tag{2.94}$$

$$F_{\mathrm{x,Beschleunigung}} = m \cdot a_{\mathrm{x}}(s) \tag{2.95}$$

$$F_{\mathrm{x,Luft}} = v_{\mathrm{x}}^{2} \cdot c_{\mathrm{w}} \cdot A_{\mathrm{Stirn}} \frac{\rho}{2} \tag{2.96}$$

$$F_{\mathrm{x,Steigung}} = m \cdot g \cdot \sin\left(\Theta_{Steigung}\right) \tag{2.97}$$

$$F_{\mathrm{x,Roll}} = \mathrm{Const_{Roll}} \tag{2.98}$$

festgelegt. Die Regelung erfolgt separat für positive und negative Beschleunigungen. Im Prinzip handelt es sich bei beiden Reglern um MISO (Multiple-Input Single-Output) P-Regler, denn die Ableitung des Regelfehlers wird nicht durch Ableitung der Geschwindigkeiten, sondern durch Differenzbildung der Beschleunigungen gebildet. Mit

$$e_{v_{\mathrm{x}}} = v_{\mathrm{x,ref}}(s) - v_{\mathrm{x}} \tag{2.99}$$

$$e_{a_{\mathrm{x}}} = a_{\mathrm{x,ref}}(s) - a_{\mathrm{x}} \tag{2.100}$$

sind die Fehlergleichungen für die Berechnung der unterschiedlichen Regleranteile gegeben.

$$F_{\mathrm{x,GP}}^{\mathrm{CL}} = k_{e_{v},GP} \cdot e_{v_{\mathrm{x}}} + k_{e_{a},GP} \cdot e_{a_{\mathrm{x}}} \tag{2.101}$$

$$F_{\mathrm{x,BP}}^{\mathrm{CL}} = k_{e_{v},BP} \cdot e_{v_{\mathrm{x}}} + k_{e_{a},BP} \cdot e_{a_{\mathrm{x}}} \tag{2.102}$$

Im Gegensatz zur Querdynamikregelung gibt es bei der Längsdynamikregelung keinen inneren Regelkreis zur Aktorikregelung. Dieser war in der Querdynamikregelung notwendig, da das Lenksystem eine erhebliche Eigendynamik aufweist, die gesondert ausgeregelt werden muss. Zu den gewünschten Längskräften kann jedoch meistens eine vereinfachende lineare Beziehung zu den Stellgrößen Gaspedalstellung und Bremsdruck gefunden werden und die

Seriensteuergeräte übernehmen die Aktorikregelung. Für die Ansteuerung des Motors wird der positive Anteil von $F_{x,ref}^{Pos}$ auf eine Gaspedalstellung

$$u_{GP,Mentor} = \min\left(100, \max\left(0, k_{T,Fx2GP} \cdot F_{x,ref}^{Pos}\right)\right) \tag{2.103}$$

zwischen 0 und 100 Prozent mittels des Faktors $k_{T,Fx2GP}$ umgerechnet. Analog dazu wird für die Verzögerung der negative Anteil von $F_{x,ref}^{Neg}$ genutzt und mit dem Faktor

$$u_{BP,Mentor} = k_{T,Fx2BP} \cdot F_{x,ref}^{Neg} \tag{2.104}$$

in einen Bremsdruck umgerechnet.

# 3 Mentorensysteme

Ein Mentor ist ein erfahrener Berater, der mit Hinweisen und Empfehlungen den Lernprozess fördert [Dud18]. Darüber hinaus sollte ein Mentor immer richtig entscheiden, ob der Schüler eigene Erfahrungen sammeln darf oder ob er Unterstützung braucht. Unter einem „Mentorensystem" wird demnach in dieser Arbeit ein (Fahrer-)Assistenzsystem (FAS) verstanden, das instruierend und auch schützend agieren kann. Die Herausforderung liegt in der Umsetzung einer instruierenden Unterstützung, was am Beispiel eines FAS zum Erlernen der zeitoptimalen Fahrweise auf einer Rennstrecke vorgestellt wird. Das Fahren auf einer Rennstrecke wird üblicherweise durch professionell geschulte Fahrlehrer vermittelt, erfordert ein hohes Fahrkönnen und Fehler können schnell zu kritischen Situationen führen. Der Stand der Technik hat gezeigt, wie die vollautomatische Fahrt auf der Rennstrecke im Grenzbereich möglich ist. In dieser Arbeit soll vorgestellt werden, wie die Fähigkeiten eines FAS zum Trainieren eines Fahrschülers einsetzbar sind und wie dadurch zudem die Sicherheit eines Fahrertrainings gesteigert werden kann. Diese Eingriffe sollen kooperativ erfolgen, also den Fahrer aktiv in die Fahraufgabe einbeziehen und dessen Aktionen respektieren. Um das zu ermöglichen, liegt der Fokus auf Systemen mit „geteilter Fahrzeugführung", auch bekannt als „(haptic) shared control" [AM10], also einer direkten Interaktion mit dem Fahrer über Lenkrad, Gas- und Bremspedal. Da ein Mentorensystem, anders als ein menschlicher Fahrinstruktor auf dem Beifahrersitz, unmittelbar auf das Fahrzeug einwirkt, kann dem Fahrer nicht nur gesagt werden, was dieser machen soll, sondern es kann diesem auch aktiv in Lenkrad und Antriebsstrang das richtige Fahrverhalten gezeigt, sowie Grenzen gesetzt und eingeregelt werden.

Zunächst wird in Abschnitt 3.1 ein Überblick zu bestehenden FAS gegeben, um den Stand der Technik und die Notwendigkeit für ein neues Gesamtkonzept herauszuarbeiten. Das Mentorensystem wird im Kontext bekannter Konzepte eingeordnet und die Möglichkeiten, einen Fahrer generell zu unterstützen, werden diskutiert. Ein Literaturüberblick liefert wichtige Aspekte für die kooperative Fahrt und es werden bereits bekannte und auch neue Begriffe hervorgehoben, die in dieser Arbeit für die Ausgestaltung eines Mentorensystems relevant sind. In Abschnitt 3.2 wird anschließend aufgezeigt, wo die Herausforderungen für einen Systementwurf liegen. Die Vorgabe der Sollgrößen gestaltet sich in der kooperativen Fahrt im Allgemeinen und für ein Mentorensystem im Besonderen als komplexe Aufgabe, da ein menschlicher Fahrer involviert ist und die eigentliche Regelgröße das Fahrkönnen des Schülers ist. Gegenüber der Vorgabe in der vollautomatischen Fahrt sind die Sollgrößen dadurch nicht allein aus fahrdynamischen Gesichtspunkten abzuleiten. Außerdem ist die Regelung beim Setzen von Grenzen durch die Einbindung des Fahrers limitiert, im Lenkrad ist beispielsweise das erlaubte Lenkmoment reduziert. Zuletzt führt Abschnitt 3.3 Methoden ein, die den Zielkonflikt aus Regelungsgenauigkeit und Fahrerinteraktion lösen. Aus diesen resultiert der angepasste Regelkreis des Mentorensystems.

© Springer Fachmedien Wiesbaden GmbH, ein Teil von Springer Nature 2019
S. Schacher, *Das Mentorensystem Race Trainer*, AutoUni – Schriftenreihe 141,
https://doi.org/10.1007/978-3-658-28135-9_3

Das in den folgenden Abschnitten ausgearbeitete Konzept für Mentorensysteme wurde erstmals in [SK18] vorgestellt. Dieses Kapitel vertieft diese Betrachtung und erweitert die Diskussion um weitere wichtige Aspekte der Mensch-Maschine Kooperation.

## 3.1 Mentorensysteme im Kontext von Fahrerassistenzsystemen

FAS werden seit mehreren Jahrzehnten zur Reduktion von Verkehrsunfällen erforscht und helfen dem Fahrer auf die unterschiedlichsten Arten. Allerdings finden sich nur wenige Ausarbeitungen zum Einsatz als lehrendes System. Gängige Hauptmotivation ist die direkte Hilfe in kritischen Situationen, wohingegen der Kern dieser Arbeit eher auf einen langfristigen Lerneffekt abzielt. Es wird zuerst besprochen, in welchen Situationen und auf welche Art der Fahrer Unterstützung erhalten kann. Die Notwendigkeit zur Unterstützung ist abhängig von der Aufmerksamkeit des Fahrers oder von seinen individuellen Fahrfähigkeiten. Hier ist es besonders interessant zu betrachten, welcher fahrdynamische Spielraum zur Assistenz existiert, da die wenigsten Autofahrer die in Abschnitt 2.1 vorgestellten Grenzen der Fahrdynamik ausnutzen können. Einem FAS steht dieser Spielraum jedoch nur dann vollständig zur Verfügung, wenn es genügend Kontrolle über das Fahrzeug hat und den Fahrer überstimmen kann. Dass dies nicht ohne Weiteres möglich ist, zeigt zuletzt die Diskussion über den Begriff Sicherheit und über die Interaktion zwischen Fahrer und FAS.

### 3.1.1 Einsatzmöglichkeiten von Fahrerassistenzsystemen

In den vergangenen Jahrzehnten wurden viele FAS entwickelt, die den Fahrer auf diverse Arten unterstützen [WHLS16]. Der Fokus liegt dabei meistens auf einer direkten Steigerung der Verkehrssicherheit. In einem als Mentorensystem genutzten FAS wird der Fahrer hingegen beim Erlernen neuer Verhaltensweisen unterstützt, um die Verkehrssicherheit langfristig zu steigern. Dass Mentorensysteme eine eigene Kategorie darstellen, zeigt der Vergleich zu anderen FAS. Um die Diskussion darauf zu fokussieren wie der Fahrer Hilfe erfährt, werden eigene Kategorien der Assistenzwirkung eingeführt, die zusammen mit Beispielsystemen und deren Entwicklungsstand in Tabelle 3.1 dargestellt sind. Diese Darstellung ist nicht mit anderen Klassifikationen von FAS zu vergleichen, wie beispielsweise der SAE Definition des Level of Automation [SAE18], die die Überwachungspflichten des Fahrers betrachtet. Zur Unterscheidung werden stattdessen die Kategorien **Fahrzeugkontrolle**, **Komfort**, **Aufmerksamkeit**, **Fahrkönnen** und **Mentor** eingeführt, die den Effekt auf den Fahrer beschreiben.

- Systeme aus der Kategorie **Fahrzeugkontrolle** verbessern für den Fahrer die Beherrschung über das Fahrzeug, ohne dass dieser zusätzliche Stellgrößen bedienen muss. Sie erweitern den menschlichen Einfluss durch technisch verbesserte Fähigkeiten zur Fahrzeugbeherrschung und führen den Fahrtwunsch vom Fahrer so gut wie es geht aus.

- Reine **Komfortfunktionen** machen die Fahrt für den Fahrer leichter oder angenehmer, indem sie ihm Teile der Fahraufgabe abnehmen. Die Kernaufgabe des Fahrers verändert sich dadurch nicht und er muss den Verkehr weiterhin beobachten.

- In die Kategorie **Aufmerksamkeit** fallen Systeme, die dann helfen, wenn der Fahrer abgelenkt ist oder den Verkehr nicht ausreichend beobachten kann. Das FAS greift in der Regel auf eine Art ein, wie es der Fahrer bei geeigneter Aufmerksamkeit auch könnte.

Die letzten zwei Kategorien ermöglichen einem durchschnittlichen Fahrer eine Fahrzeugbeherrschung, die sonst nur ein geübter Fahrer aufweist.

- Systeme aus der Spalte **Fahrkönnen** zeigen eine bessere Fahrzeugbeherrschung als viele Autofahrer und unterstützen den Fahrer bei herausfordernden Manövern.

- Die Kategorie **Trainer/Mentor** entspricht dem Ziel dieser Ausarbeitung. Mentorensysteme sollen dem Fahrer anwendungsspezifische Fahrtechniken beibringen und haben Überschneidungen mit der Kategorie Fahrkönnen.

**Tabelle 3.1:** Assistenzwirkung und Entwicklungsstatus verschiedener Systeme

| Status:<br>Wirkung: | Seriensystem | Forschungssystem |
|---|---|---|
| **Fahrzeugkontrolle** | ABS, ESC, Hinterradlenkung, Torque-Vectoring | Einzelradlenkung [KMHE13], aktive Aerodynamik [DBE14], aktive Strömungsbeeinflussung [PK18] |
| **Komfort** | Tempomat, automatische Längs-/Querführung | Ausblick: Autonome Fahrfunktion |
| **Aufmerksamkeit** | Spurhalteassistenz, Notbremsassistenz | Notausweichassistenz [Erl15] |
| **Fahrkönnen** | Einparkassistenz, Launch-Control | Notausweichassistenz [Erl15], Übersteuervermeidung [Bea11], Driftassistenz [Hin13], Kreuzungsassistenz [FWBB16], vollautomatische Fahrt auf der Rennstrecke [GKMBS09] |
| **Trainer/Mentor** | Schaltempfehlungen | Track Trainer [Wal09], Einpark Trainer [WST16], Race Trainer [SHK18] |

Neben einem Überblick zum Stand der Technik soll hier der Einfluss einiger ausgewählter Systeme auf die Verkehrssicherheit und das Zusammenspiel mit dem Fahrer betrachtet werden. Die Fahrhilfen ABS und ESC erweitern die Kontrolle des Fahrers über das Fahrzeug, folgen aber seinem Fahrtwunsch. Sie vermehren die Fähigkeiten des Fahrers, indem sie beispielsweise bei einer Notbremsung durch feinfühlige Ansteuerung der Bremse den optimalen Bremsschlupf einregeln, während der Fahrer sich auf andere Aufgaben konzentrieren kann. Dem Menschen wäre es zudem kaum möglich, den Bremsschlupf für jedes Rad einzeln zu regeln, während das FAS genau diese Stellgröße nutzt, um durch

ESC-Eingriffe die Fahrstabilität zu verbessern. Durch die so erhöhte Fahrstabilität oder - performance steigt die Verkehrssicherheit. Bei aktivierten Komfortfunktionen wie der automatischen Geschwindigkeits- oder Distanzregelung trifft das Fahrzeug hingegen eigene Fahrentscheidungen. Die Verkehrssicherheit profitiert von einem entlasteten Fahrer, der theoretisch bei einer automatischen Längs- und Querführung seine gesamte Konzentration der Verkehrsbeobachtung widmen kann. Diese Aufgabe wird dem Fahrer erst abgenommen, wenn vollautonome Fahrfunktionen ihn obsolet machen. Dazu erfolgt hier keine Vertiefung, weil die Kooperation zwischen aktiv eingebundenem Fahrer und FAS untersucht wird.

Je weniger aktive Beteiligung der Fahrer aufbringen muss, desto höher ist die Gefahr verminderter Aufmerksamkeit, wodurch der Übergang einer Komfortfunktion in eine Notassistenz fließend ist. Natürlich kann der Fahrer auch aus anderen Gründen abgelenkt sein, entscheidend für die dritte Kategorie ist, dass diese Systeme nur in Notsituationen eingreifen. Meistens agieren diese Systeme nicht besser als ein aufmerksamer Fahrer, sind aber immer in Hintergrund aktiviert und haben einen nachweisbaren Effekt auf die Verkehrssicherheit [WHLS16]. So können sie Unfälle verhindern, die Unfallschwere reduzieren oder, im Fall von Spurhalteassistenten, die Unfallwahrscheinlichkeit durch Verlassen der Spur senken.

Sobald eine Verkehrssituation ein Ausweichen mit Lenkmanövern verlangt, sind viele Fahrer überfordert oder es mangelt an Erfahrungen im fahrdynamischen Grenzbereich. Die hier doppelt aufgeführte Notausweichassistenz fällt deswegen auch in die Kategorie Fahrkönnen, da sie wie ein geübter Fahrer reagieren kann, um Hindernissen auszuweichen. Später wird analysiert, welchen Einfluss die Interaktion mit dem Fahrer in solchen Systemen hat, denn dem Fahrer sollte nur bei Fahrzeugen mit „X-By-Wire" Architektur (keine mechanische Verbindung zwischen Fahrer und Fahrzeugaktorik) die Kontrolle über das Fahrzeug entzogen werden, was für extreme Ausweichmanöver notwendig ist. Die Freiheit den Fahrer komplett zu entkoppeln hat beispielsweise das in [Bea11] erforschte System. Dieses FAS folgt dem Fahrerwunsch nur so lange, wie die fahrdynamische Stabilität nicht in Gefahr ist. Es überwacht den Straßenreibwert und reagiert, bevor das Fahrzeug unter- oder übersteuert. Im gleichen Versuchsfahrzeug wird in [Hin13] das Wissen über die Fahrbahnbeschaffenheit genutzt, um genau diese kritischen Situationen hervorzurufen: der erforschte „Drift-Regler" lässt auch ungeübte Fahrer den fahrdynamischen Grenzbereich erleben. Ein „Drift" ist ein kontrolliertes Übersteuern, bei dem der instabile Zustand über einen längeren Zeitraum im Gleichgewicht gehalten wird. Die Verkehrssicherheit kann dadurch erhöht werden, da in Notsituationen mehr Optionen zum Vermeiden von Unfällen existieren.

Ein weiterer Nutzen entsteht dadurch, dass der Fahrer mit diesen FAS ein besseres Verständnis über Möglichkeiten eines Fahrzeugs aufbauen kann und idealerweise auch ohne FAS besser reagiert. Dieser Effekt wird von FAS der letzten Kategorie genutzt, die dem Fahrer als Trainer oder sogar **Mentor** beiseite stehen. Diese Systeme demonstrieren dem Fahrer durch Informationseinblendungen, automatische Fahrt oder kooperative Interaktionen die situationsabhängig ideale oder ortskundige Fahrweise. Der in [Wal09] vorgestellte „BMW Track Trainer" ist die erste veröffentlichte Untersuchung eines Rennstreckentrainings mithilfe eines automatisch fahrenden Fahrzeugs. Der zu schulende Fahrer sitzt in einer vollautomatisch gefahrenen Runde auf dem Fahrersitz und kann sich die Ideallinie anschauen. In einem zweiten Trainingsmodus fährt der Schüler selber und erhält durch richtungsunabhängige Vibrationen im Lenkrad und über sechs Leuchtdioden im Cockpit eine Rückmeldung, ob er zu weit links oder rechts von der Ideallinie abweicht. Die automatische Fahrfunktion ist in diesem Modus nicht aktiviert, der Fahrer erhält keine Hilfe bei seinen Lenk-, Gas- und Bremseingaben. Das gleiche Szenario behandelt das im Rahmen dieser Arbeit entwickelte Forschungsfahrzeug „Volkswagen Golf R Race Trainer" [SHK18]. Die Fahrfunktion ist hier auch dann aktiv, wenn der Mensch selbst am Steuer eingebunden ist. Neben der Hilfe durch diese kooperative Fahrzeugführung kann der Fahrer über ein großes „Augmented Reality Heads-Up-Display" den Verlauf der zukünftigen Ideallinie sehen, der wie in einem Videospiel auf dem Asphalt eingeblendet wird [Har16].

Diese Arbeit behandelt die Fahrfunktion aus richtungsführender Lenkunterstützung und Hilfe bei der Geschwindigkeitswahl. Die enge Interaktion, oder auch Kooperation, zwischen Fahrer und Fahrzeug wird deswegen näher untersucht. Dass ein, als Mentor handelndes, FAS einen Effekt auf die Verkehrssicherheit haben kann, zeigt die in [WST16] vorgestellte kooperative Unterstützung beim rückwärts Einparken. Dort konnte gezeigt werden, dass die Präzision von Einparkmanövern nach einem Training mit dem erforschten System deutlich gesteigert wird. Wenn ein ungeübter Fahrer durch ein solches System sein persönliches Fahrtalent verbessert, sollte sich dies auch auf den Straßenverkehr positiv auswirken. Welche Fahrkompetenzen davon profitieren können, sowie welcher Unterschied zwischen der Fahrzeugbeherrschung eines geübten und der eines ungeübten Fahrers existiert und wie viel Potential daraus für das Fahrertraining oder für Assistenzfunktionen resultiert, klärt der folgende Abschnitt.

### 3.1.2 Lernpotentiale eines Autofahrers

Der vorangegangene Abschnitt hat gezeigt, in welchen Verkehrssituationen FAS helfen können und es wurde erläutert, dass ein menschlicher Fahrer in seinen Fahrleistungen auch von FAS profitieren kann. Um dies näher zu beleuchten, soll zunächst das „Drei-Ebenen-Modell" nach [Don12] vorgestellt werden, um mögliche Verbesserungspotentiale aufzudecken. Anschließend wird durch einen Vergleich zwischen trainierten Rennfahrern und untrainierten (Normal-)Fahrern gezeigt, welchen Erkenntnisgewinn ein Mentorensystem auf der Rennstrecke liefern kann.

Das „Drei-Ebenen-Modell" abstrahiert die menschliche Fahrzeugführungsfähigkeit auf drei Entscheidungs- bzw. Ausführungsebenen: Navigation, Führung und Stabilisierung. Abbildung 3.1 zeigt diese Ebenen und den Lauf von Informationen, die dem Aufbau eines klassischen, kaskadierten Regelkreises ähnlich sind. Die einzelnen Ebenen geben die Soll-Vorgabe für die darunterliegende Ebene und haben jeweils einen eigenen Rückkanal, um Soll- und Ist-Werte zu vergleichen. Gezeigt sind drei separate Systeme: der Fahrer, das zu steuernde Fahrzeug und die Umwelt, in der sich beide bewegen. Die Aufgabe der Navigation, die Wahl eines Weges vom Start zum Ziel im Straßennetz, wird oft bereits vor Fahrtantritt abgeschlossen. Kommt es jedoch zu Veränderungen im Straßennetz oder ist der Fahrer in einer gänzlich unbekannten Umgebung unterwegs, fordert dieser Prozess mentale Kapazität durch Neuplanung während der Fahrt. Fahrerfahrung und Navigationssysteme können in solchen

Situationen zu kürzeren Entscheidungsprozessen führen. Die Aufgabe der Führung ist die Wahl der richtigen Fahrspur und der angemessenen Fahrtgeschwindigkeit sowie die Reaktion auf sich verändernde Bedingungen. Ist die Fahrspur blockiert oder ist ein kurzfristiges Ausweichmanöver notwendig, so muss die aktuelle Fahrzeugtrajektorie angepasst werden. Trainierte Fahrer können aufgrund eines größeren Erfahrungsschatzes die Verkehrssituation meist früher oder korrekter einschätzen und zudem ihre Ausweichlinie und Geschwindigkeit besser an den Grenzen ihres Fahrzeugs ausrichten. Laut [Don16] liegt die Reaktionszeit bei unerwarteten Ereignissen bei über drei Sekunden und eine Reduktion dieser Zeit hat einen erheblichen Einfluss auf die Unfallwahrscheinlichkeit. FAS können hier also durch eine Verkürzung der Reaktionszeit, als auch durch ein größeres und an die Fahrdynamik angepasstes Portfolio an Fahrmanövern helfen. Die letzte Ebene dieses Modells ist für die Ausführung des Plans und die Regelung des Fahrzeugs entlang der gewünschten Route zuständig. Die Stabilisierung muss dafür kontinuierlich den Kurs des Fahrzeugs auf der gewünschten Route durch Lenk-, Gas- und Bremseingriffe regeln. Hier zeigen trainierte Fahrer eine bessere Fahrzeugbeherrschung und können dadurch im Allgemeinen besser auf unerwartete Fahrzeugreaktionen, beispielsweise bei rutschigem Untergrund, reagieren. Auf dieser Ebene bringen klassische Helfer wie das Anti-Blockier-System aber auch der Einsatz von FAS aus der Kategorie „Fahrkönnen" nach Tabelle 3.1 einen direkten Mehrwert.

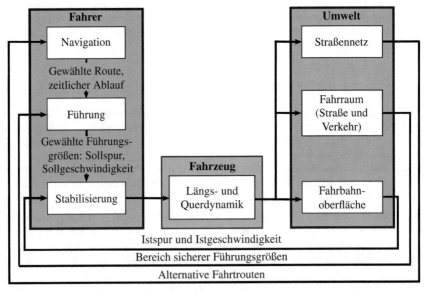

**Abbildung 3.1:** Das „Drei-Ebenen-Modell" nach [Don12]

In dieser Arbeit liegt der Fokus auf einem als Mentor agierenden FAS. Der Fahrer soll im Rahmen eines Rennstreckentrainings sein Fahrkönnen nachhaltig steigern und bei diesem Prozess durch die Assistenz gefördert werden. Durch ein geeignetes Training des Fahrers können alle drei besprochenen Ebenen profitieren. Der Erkenntnisgewinn auf Ebene der Stabilisierung folgt aus dem Erleben und Kontrollieren von Fahrzeugreaktionen im fahrdynamischen Grenzbereich. Die Notwendigkeit für Präzision und ruhige Eingriffe wechseln sich ab mit schnellen Lenkreaktionen auf unerwartete Fahrbahnänderungen. Die weiteren Ebenen nach dem oben beschriebenen Modell profitieren in ähnlicher Form. Im Straßenverkehr steht dem Fahrer so eine größere Bandbreite an gelernten Fahrmanövern zur Verfügung und so kann, zusammen mit der Fähigkeit die Linie besser an die Fahrzeugdynamik oder Wetterbedingungen anzupassen, ein direkter Vorteil für die Verkehrssicherheit resultieren.

Die Techniken, die ein Fahrer durch das als Mentor agierende FAS lernen kann, sind die eines trainierten (Renn-)Fahrers und orientieren sich am physikalischen Limit. In Abschnitt 2.2.1 wurde die Fahrweise eines Rennfahrers anhand des „g-g"-Diagramms vorgestellt. Trainierte (Renn-)Fahrer haben die Möglichkeit die fahrdynamischen Grenzen eines Fahrzeugs in einem abgesperrten Umfeld auszureizen und bauen dadurch ein tiefgehendes Verständnis für die Fahrzeugbeherrschung auf. Untrainierte (Normal-)Fahrer bewegen ihr Fahrzeug hingegen im öffentlichen Straßenverkehr. So gelangen sie nur in ungewollten Situationen in den Grenzbereich der Fahrdynamik und haben weniger Erfahrung, um Unfälle zu verhindern. Im regulären Straßenverkehr wird das Potential eines Fahrzeugs durch einen untrainierten (Normal-)Fahrer generell kaum ausgereizt. Die Ausnutzung der Dynamikreserven im „g-g"-Diagramm und auch weitere Aspekte, wie der Abstand zu vorausfahrenden Fahrzeugen, ist zudem von Fahrer zu Fahrer unterschiedlich. Die Fahrstile können zur Vereinfachung von Untersuchungen in die Kategorien defensiv, normal und aggressiv/sportlich eingeteilt werden, in denen sich wieder Gemeinsamkeiten finden lassen. In [BZKHK11] werden diese Gemeinsamkeiten mithilfe einer groß angelegten Messkampagne unterschiedlicher Fahrer, Fahrzeuge und Fahrsituationen definiert und den Fahrweisen werden objektive Kennwerte und Charakteristika zugewiesen. Auf Basis von über $1,5$ Millionen gemessenen Kilometern wird die Aussage getroffen, dass Fahrer mit einem sportlichen Fahrstil Längs- und Querbeschleunigungen deutlich stärker kombinieren als die Fahrertypen „normal" und „defensiv", die während Kurvenfahrten nur gering Beschleunigen oder Verzögern [BZKHK11]. Das Beschleunigungsverhalten in Kurven zeigt bei sportlichen Fahrern also Gemeinsamkeiten zu dem, in Abschnitt 2.2.1 diskutierten, trainierten Fahrer und weicht bei den anderen Fahrertypen deutlich davon ab. In [WP05] werden objektive Kriterien für die Auslegung von FAS durch die Beobachtung verschiedener Fahrertypen erarbeitet. Da die untersuchten FAS in einem Oberklassefahrzeug eingesetzt werden sollen, wird das Fahrverhalten verschiedener Fahrer aus der Zielgruppe dieser Fahrzeugkategorie untersucht, wodurch keine direkte Vergleichbarkeit zu den Fahrerkategorien der breiter angelegten Messkampagne aus [BZKHK11] gegeben ist. Für die untersuchten Fahrer ergeben sich charakteristische Verläufe im „g-g"-Diagramm. In Abbildung 3.2 zeigen die ausgefüllten Bereiche eine Nachbildung der identifizierten Muster für einen sportlichen (hellgrün, außen) und einen komfortorientierten Fahrer (dunkelblau, innen). Innerhalb der gezeigten Grenzverläufe liegen 85 Prozent der gemessenen Beschleunigungen [WP05]. Die eingezeichneten Linien stellen also nicht die Maximalbeschleunigungen, sondern den Gewohnheitsbereich der Fahrer dar. Am linken und rechten Rand ist der Kamm'sche Kreis mit einem Radius von $1g$ gestrichelt eingezeichnet. Man erkennt die geringe Ausnutzung des absoluten fahrdynamischen Potentials durch einen (Normal-)Fahrer im Straßenverkehr [Don12]. Der Randverlauf des ausgefüllten Bereichs zeigt zudem eine spitze (konkave) Verbindung zwischen maximaler Längs- und Querbeschleunigung. Der Randverlauf eines trainierten (Renn-)Fahrers nach Abbildung 2.11 verläuft hingegen entlang des Kamm'schen Kreises, die maximalen Längs- und Querbeschleunigung werden also konvex verbunden.

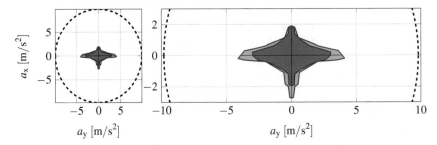

**Abbildung 3.2:** „g-g"-Muster von sportlichen (hellgrün, außen) und vorsichtigen Fahrern (blau, innen) im Straßenverkehr, nach [WP05]

Es wird in dieser Arbeit angenommen, dass die aufgezeigten Unterschiede zwischen der Fahrweise eines untrainierten und der eines trainierten Fahrers den maximalen Spielraum für FAS in Notsituationen darstellen und auch, dass durch ein Training ein ähnlich hoher Grad an Fahrzeugbeherrschung erlernbar ist. Wie mit dem Fahrer dafür angemessen interagiert werden kann, zeigt der nachfolgende Abschnitt.

### 3.1.3 Kooperative Fahrerunterstützung

Als kooperative Fahrerunterstützung wird hier die Zusammenarbeit zwischen einem menschlichen Fahrer und einem FAS zum Erreichen eines Fahrziels oder zur Erhöhung des Sicherheitsniveaus verstanden. Nach [FWBB16] wird dies im Automobilkontext vertikale Kooperation genannt und steht im Gegensatz zur horizontalen Kooperation, bei der zwischen mehreren Verkehrsteilnehmern vermittelt wird. Vertikale Kooperation wird dort zur komplett autonomen Fahrt abgegrenzt, bei der ein Fahrer nur noch als passiver Passagier involviert ist. Die Definition in [FWBB16] lässt zu, dass das System dem Fahrer in Gefahrensituationen nicht gehorcht, sowie beinahe autonom oder über einen bestimmten Zeitraum selbstständig agieren darf, wenn der Fahrer den Auftrag dazu erteilt hat. In [FAI+16] wird die sogenannte „cooperativeness" als Kriterienkatalog vorgestellt, welcher Mindestanforderungen an ein kooperativ agierendes System stellt. Dies sind unter anderem die Fähigkeit ohne Fahrer das Fahrzeug beherrschen zu können, sowie eine geeignete Fahrerschnittstelle und die Möglichkeit bei Konflikten zwischen den Kooperationspartnern einen Kompromiss finden zu können. Diese Lösungsfindung oder auch Arbitrierung wird in [BFAM14] betrachtet. Es wird die Notwendigkeit angesprochen, dass das FAS den Fahrtwunsch des Fahrers bestmöglich nachahmen sollte. Mittels dieser „Trajectory Adaption" versucht das FAS den Fahrerwunsch unverändert nachzubilden. Über eine Steuerungseinheit kann der Fahrer dem

System beispielsweise eine eigene Wunschgeschwindigkeit oder einen favorisierte Querablage zur Mitte der Spur vorgeben. Ein an die „Trajectory Adaption" angelehntes Konzept wird später für das Mentorensystem eine hohe Bedeutung haben.

Bei der Kooperation mit dem Fahrer ist sowohl die geplante Route, als auch die Einbindung des Fahrers ins Fahrgeschehen zu betrachten. Eine Variante ist „(haptic) shared control", also geteilte Fahrzeugführung mit haptischer Rückmeldung [AM10, AMB12]. Hier agieren Fahrer und FAS gemeinsam, wodurch die tatsächlich gefahrene Trajektorie ein Ergebnis aus dem Fahrtwunsch des Fahrers, dem des FAS, sowie deren jeweiliger Einfluss auf die Schnittstellen des Fahrzeugs ist [FAI[+]16]. Im Begriff „(haptic) shared control" wird die haptische Komponente der geteilten Fahrzeugsteuerung in Klammern gesetzt, da der Fahrer im Allgemeinen nicht komplett haptisch einbezogen werden kann (oder soll). Als Beispiel dafür wird in [AMB12] die Längsführung eines Fahrzeugs beschrieben, bei der ein Fahrer üblicherweise über zwei getrennte Pedale beschleunigt oder bremst. Es ist zwar möglich, mithilfe von aktiv angesteuerten Pedalen dem Fahrer ein haptisches Feedback zur Fahrfunktion zu geben, es ist für den Fahrer aber nicht möglich, die Bewegung des Pedals in beide Richtungen zu beeinflussen, da er nur drücken und nicht am Pedal ziehen kann. Der Fahrer ist in seiner Kontrolle über die Fahrzeugführung beschränkt. Im Lenksystem hingegen ist eine vollständige, bidirektionale Einbindung des Fahrers möglich, da bei einer klassischen Lenkung eine mechanische Verbindung zwischen dem Lenkrad und den Vorderrädern besteht. Assistenzsysteme, wie die in Serienfahrzeugen verfügbaren Spurhaltesysteme, beeinflussen die Querdynamik durch additive Lenkmomente, die der Fahrer im Lenkrad spürt und bis zur Blockade auf sie reagieren kann. Wie noch im nachfolgenden Abschnitt herausgearbeitet wird, ist diese direkte Einbindung nicht immer von Vorteil, weswegen alternative Lenksystemarchitekturen eingesetzt werden, um den Fahrer von einer direkten Steuerung der Vorderrädern zu entkoppeln. In [IBB[+]09] wird das Lenksystem durch eine Überlagerungslenkung erweitert, welche die Lenkradposition frei verdrehen kann. Einfacher gestaltet sich die Entkopplung des Fahrers über eine „Steer-By-Wire" Lenkung, wie sie in [APPI10, Bea11, Erl15] erfolgt, da der Fahrer keine mechanische Verbindung zu den Vorderrädern mehr hat. Außerdem kann hier das vom Fahrer spürbare, digital erzeugte Lenkmoment von der Fahrfunktion vorgegeben und die haptische Rückmeldung geformt werden. Bei „(haptic) shared control" kann der Fahrer demnach über zwei Arten ins System eingebunden werden [HBF[+]12]. Wie Abbildung 3.3 zeigt, agiert der Fahrer entweder parallel und damit gleichberechtigt zur Fahrfunktion, oder er kann nur seriell seinen Fahrtwunsch mitteilen und ist vom FAS abhängig. Die parallele Einbindung entspricht einer klassischen Lenkarchitektur, wie sie auch in Abschnitt 2.1.3 vorgestellt wurde.

Bei FAS ist die Einbindung des Fahrers demnach von entscheidender Bedeutung für die Flexibilität, aber auch die Robustheit der Fahrfunktion. Der Fahrer ist bei einer Fehlfunktion nur bei der parallelen Anbindung in der Lage das FAS wirklich zu überstimmen [FWBB16]. Dass die Interaktion zwischen FAS und dem Fahrer nicht nur bei Fehlfunktionen entscheidend für die Verkehrssicherheit und auch die Akzeptanz des Fahrers ist, zeigt der folgende Abschnitt.

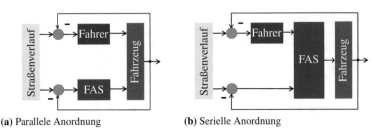

(a) Parallele Anordnung                    (b) Serielle Anordnung

**Abbildung 3.3:** Parallele und serielle Anordnung von Fahrer und Assistenzsystem

### 3.1.4 Kooperationsverhalten und Sicherheit

Bisher wurde die Verkehrssicherheit als ein primäres Ziel von FAS besprochen. Bei kooperativen Assistenzfunktionen ist es notwendig, diesen Sicherheitsbegriff weiter zu verfeinern, um Anforderungen an das Interaktionsdesign und damit das, als Begriff in dieser Arbeit auf FAS angewendete, Kooperationsverhalten genauer zu analysieren.

Unter der Verkehrssicherheit wird in dieser Arbeit die Vermeidung von gefährlichen Situationen oder Unfällen zusammengefasst. Hier wird zusätzlich die „Interaktionssicherheit" eingeführt, bei dem der Fahrzeugführer im Vordergrund steht. Da kooperative FAS oft direkt mit dem Fahrer interagieren, darf dieser nicht durch zu große Lenkmomente oder Lenkwinkeländerungen gefährdet werden. Ebenso wichtig ist, dass der Fahrer nicht durch die kooperative Assistenz irritiert oder überrascht wird. Er könnte sonst falsch reagieren, Fahrfehler begehen und damit die Verkehrssicherheit gefährden. Die angemessene und interaktionssichere Gestaltung der Zusammenarbeit mit dem Fahrer ist ein wichtiges Element des Kooperationsverhaltens.

Das Kooperationsverhalten beschreibt die Art und Weise wie das FAS auf den Fahrtwunsch des Fahrers reagiert und diesen unterstützt oder dagegen arbeitet. Auch zeitliche Aspekte oder die situationsabhängige Anpassung der Unterstützung kann als eine Eigenschaft des Kooperationsverhaltens betrachtet werden. Die Bewertung des Kooperationsverhaltens erfolgt in mehreren Kategorien, welche sowohl subjektive Aspekte (bspw. gefühlte Bevormundung, Lenkgefühl) als auch objektive Kriterien (Sicherheit) beinhalten. In [AMB12] werden mehrere allgemeine Empfehlungen und Anforderungen an den Entwurf von kooperativen FAS aufgezählt. Der Fahrer sollte immer in der Kontrolle bleiben und Änderungen im Automationsgrad selber initiieren oder eindeutig mitbekommen, wie beispielsweise beim Ein- und Ausschalten einer automatischen Spurführung. Er sollte kontinuierlich mit dem System interagieren müssen und Rückmeldungen über die Grenzen und Funktionen der Automatisierung erhalten. Außerdem sollte der Fahrer von erhöhter (Fahr-)Performance oder einer Verringerung seiner mentalen Auslastung profitieren. Als einzig feste Anforderung wird der erste Aspekt genannt: der Fahrer darf nicht überstimmt (bzw. physisch übermannt) werden und muss immer die oberste Fahrkontrolle behalten. Die weiter oben eingeführte Interaktionssicherheit fordert neben der Vermeidung einer direkten Gefährdung des Fahrers auch eine angemessene Gestaltung der Eingriffe, da der Fahrer sonst Fehlreaktionen zeigen könnte und damit indirekt gefährdet wird. Dies wurde intensiv bei der Entwicklung von Spurhalteassistenten untersucht. Diese Systeme helfen dem Fahrer dabei, die Fahrspur durch spürbare, additive Lenkmomente zu halten. Die Untersuchungen in [Sch09] haben grundlegende Erfahrungs- und Grenzwerte für zusätzliche Lenkmomente in Komfort- und Warnsystemen gesetzt. Als Grundannahme dient bei den Untersuchungen meistens eine Fehlauslösung der Spurhaltesysteme. Die Eingriffsintensität dieser Systeme darf im Fehlerfall den Fahrer nicht überfordern, wobei davon ausgegangen wird, dass der Fahrer nicht mit einem Eingriff rechnet. Als Ergebnis dieser Untersuchungen sind die erlaubten (vom Fahrer spürbaren, additiven) Lenkmomente mit maximal 3 Nm vergleichsweise gering. Auch der zeitliche Aufbau der Momente wird betrachtet, damit der Fahrer nicht überrascht wird. Mittlerweile existieren für den Entwurf von Spurhaltesystemen diverse Auslegungsempfehlungen [Sch09], Normen [ISO17] und Gesetze [ECE08], die das gewünschte Kooperationsverhalten größtenteils definieren. Diese sind teilweise in [BRH+16] zusammengefasst, und bieten gute Startwerte für den Entwurf von FAS.

Das Kooperationsverhalten besteht nicht nur aus Grenzwerten für additive Lenkmomente, sondern umfasst auch die Anpassung des Assistenzsystems auf die Verkehrssituation, den Fahrerzustand oder auch das Fahrkönnen. So werden Spurhaltesysteme komplett ausgeschaltet, sobald der Fahrer aktiv den Blinker zum Fahrstreifenwechsel setzt. Weitere Abschaltbedingungen werden in [Ben08] untersucht, beispielsweise ob eine Betätigung des Gas- oder Bremspedals bei einer automatisierten Längsführung als Abbruchwunsch des Fahrers interpretiert werden darf, oder ob diese Betätigungen passiv und ungewollt erfolgen. Deutlich angenehmer für den Fahrer ist es, wenn das System den Wunsch des Fahrers automatisch erkennt und sich zum Beispiel ohne Setzen des Blinkers von selbst deaktiviert, wenn der Fahrer einen Fahrstreifenwechsel bewusst initiiert. Hier liegt die Schwierigkeit in der Erkennung von mangelnder Aufmerksamkeit und Wunsch des Fahrers, da ein ungewolltes Spurverlassen vermieden werden soll. In [NWS15] wird deswegen bei eingeschalteter Spurhalteassistenz untersucht, ob der Fahrer aktiv ins Lenkgeschehen eingreift und ob der Fahrerwunsch mit dem Wunsch der Spurhalteassistenz übereinstimmt. Widersprechen sich Fahrer und FAS und zeigt der Fahrer eine starke Aktivität, wird die Lenkunterstützung automatisch reduziert. Dass die Lenkunterstützung nicht komplett ausgeschaltet werden muss, ist eine weitere wichtige Eigenschaft des Kooperationsverhaltens.

Bisher wurde besprochen, wann eingegriffen wird und wie stark maximal interagiert werden darf. Die Intensität der Eingriffe in Lenkung, Gas- und Bremspedal ist von entscheidender Bedeutung für das Erlebnis und die Fahrerakzeptanz. Über Änderungen in der Eingriffsstärke kann dem Fahrer beispielsweise die Kritikalität einer Situation vermittelt werden. In [AMB12] wird der „Level of Haptic Authority" (LoHA) eingeführt und abhängig von der Gefährlichkeit einer Situation variiert. Die Höhe der Eingriffsstärke beschreibt demnach die Autorität des Assistenzsystems, die dann besonders hoch sein sollte, wenn die Aktionen des Fahrers zu unsicheren Verkehrssituationen führen würden. Als Bewertung der situativen Kritikalität wird in [AMB12] die laterale Abweichung von der Fahrspur genutzt. Ein ähnlicher Ansatz zur Anpassung der Eingriffsstärke wird in [APP10] im Rahmen einer Notausweichassistenz gezeigt. Hier dient der Ausnutzungsgrad der maximalen Reifenkräfte als Kritikalitätsbewertung, um zu entscheiden, wie sehr der Fahrer überstimmt werden sollte. All diese

Aspekte werden genauer in Abschnitt 3.3 betrachtet, da die richtige Eingriffsstärke auch für das Mentorensystem eine hohe Wichtigkeit hat. Für den erhofften Lerneffekt ist eine Anpassung an das Können, die Vorerfahrung und den Lernfortschritt des Fahrers essentiell. In [WST16] wird bei dem Fahrertraining im Einparken der Unterstützungslevel so gewählt, dass der Fahrer nicht unterfordert, aber auch nicht überfordert wird. Vom gleichen Autor wird festgestellt, dass eine fahrerindividuelle Anpassung des Systems zu einem besseren oder nachhaltigerem Lerneffekt führen kann. Die Anpassung basiert auf einem „Versuch und Irrtum"-Prinzip und es wird erwähnt, dass eine systematische Auswertemethodik zur automatischen Anpassung der Unterstützung sehr erstrebenswert wäre. Erfolgt die Anpassung durch das System selber, wäre dies ebenfalls eine Eigenschaft des Kooperationsverhaltens. Bevor die passende Unterstützungsintensität oder ihre Anpassung erneut in den Fokus rückt, soll im nachfolgenden Abschnitt analysiert werden, welches Kooperationsverhalten ein Mentorensystem aufweisen soll und welche regelungstechnischen Herausforderungen selbst bei einer großen Autorität über das Fahrgeschehen existieren.

## 3.2 Regelungstechnische Analyse der kooperativen Fahrt

Ziel dieses Abschnittes ist die Aufdeckung der Fragestellungen, die sich für ein Regelungskonzept der kooperativen Fahrt ergeben. Dafür wird zuerst genauer analysiert, wie das Sollverhalten einer kooperativen Assistenzfunktion aussehen muss. Anschließend erfolgt eine Diskussion, warum die Einbindung eines menschlichen Fahrers in die Fahraufgabe zu Problemen für den Regelkreis führt und wie sie sich auswirkt. Zuletzt folgt eine Betrachtung, warum viele regelungstechnische Ansätze zur Robustifizierung in der kooperativen Fahrt nicht anwendbar sind. Im nachfolgenden Abschnitt 3.3 werden diese Fragestellungen dann in einem ganzheitlichen Konzept berücksichtigt.

### 3.2.1 Sollgrößen eines Mentorensystems

Hinter den Aktionen eines FAS stehen Sollgrößen für die Regelung. Bei FAS ist deren Definition dann einfach, wenn sich aus dem Systemziel eindeutige Soll- und messbare Regelgrößen ableiten lassen und keine direkte Fahrerinteraktion stattfindet. Bei dem Anti-Blockier-System (ABS) soll beispielsweise der Längsschlupf der Reifen innerhalb einer festgelegten Schranke bleiben, um ein Festbremsen der Räder zu verhindern. Bei einem automatischen Fahrzeug auf der Rennstrecke ist beispielsweise die Rundenzeit zu minimieren, was über eine geeignete Linienwahl und durch Ausnutzung des fahrdynamischen Potentials erreicht wird. Von kooperativ agierenden FAS wird hingegen ein bestimmtes Verhalten gewünscht, das sich aus Sollgrößen zusammensetzt, aber durch Nebenbedingungen zusätzlich bestimmt wird. Zum Beispiel soll ein Spurhalteassistent potentiell gefährdende Situationen verhindern und hat als Sollgröße die Fahrzeugführung in der Spurmitte, darf aber nur aktiv werden, wenn der Fahrer unbewusst die Spur verlässt.

Der Entwurf des Kooperationsverhaltens eines Mentorensystems verlangt, dass der Fahrer durch das System dazulernt. Die zu maximierende Sollgröße ist der Lernfortschritt des

Fahrers. Das Fahrkönnen als Regelgröße ist jedoch nicht direkt messbar und eine schwer quantifizierbare Größe, sodass ein Trainingskonzept zunächst nur auf Annahmen beruhen kann und Ersatz-Sollgrößen braucht. Als Nebenbedingung soll die Sicherheit während des Trainings gesteigert werden. Abbildung 3.4 zeigt die Herleitung wichtiger Aspekte des Kooperationsverhaltens. Zunächst muss das Lernziel definiert werden: in diesem Fall soll das Fahrkönnen auf einer Rennstrecke maximiert werden. Dieses kann nicht direkt, sondern nur durch ein geeignetes Training gesteigert werden. Die Ersatz-Sollgröße für die aktive Fahrerunterstützung ist deswegen die zeitoptimale Fahrt auf der Ideallinie. Für das Training sollen sowohl audiovisuelle Methoden (nicht Fokus dieser Arbeit), als auch eine aktive Fahrunterstützung umgesetzt werden. Diese soll den Fahrer kooperativ und mit variierender Intensität einbinden, sodass dieser nicht den Bezug zum aktuellen Lenkwinkel verliert und das FAS das Lernziel auch unter Einfluss des Fahrers vorführen kann. Über eine spürbar variierende Eingriffsintensität soll dem Fahrer bei steigendem Können mehr Freiraum ermöglicht werden. Anders als bei der Umsetzung des Lernziels kann für die Steigerung der Sicherheit auf bekannte Verfahren von FAS zurückgegriffen werden. Die Sollgrößen und Regeln leiten sich direkt aus dieser Nebenbedingung ab. Für ein haptisch agierendes Mentorensystem werden diese auf zwei Unterpunkte aufgeteilt, um den Fahrer zum einen vor gefährlichen Manövern zu schützen (Verkehrssicherheit), ohne ihn zum anderen dabei durch die Eingriffe zu verletzen (Interaktionssicherheit). Das Mentorensystem soll zudem die Geschwindigkeit beschränken, nicht jedoch für den Fahrer aktiv beschleunigen, sodass der Fahrer die Geschwindigkeit immer selber bestimmen kann.

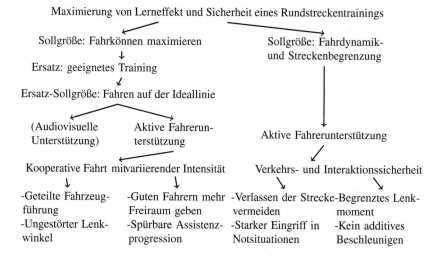

**Abbildung 3.4:** Deduktion der Anforderungen an das Kooperationsverhalten

Für das Kooperationsverhalten eröffnen sich mehrere Fragen, nach welchen Prinzipien das Mentorensystem **im Detail** agieren soll.

- Was wird dem Fahrer gezeigt?
- Wie viel Freiraum wird ihm gegeben?
- Wie stark wird dieser während der Fahrt unterstützt?
- Welche Rückmeldung erhält der Fahrer bei Abweichungen von der Ideallinie?
- Wie viele Fehler darf der Fahrer machen, bevor das System (stärker) eingreift?

Diese Diskussion kann vertieft werden, wenn man sich drei beispielhafte Fahrverläufe in Abbildung 3.5 anschaut, die unter identischen Bedingungen entstanden sind. Gezeigt wird ein Streckenabschnitt einer Rennstrecke (schwarze Begrenzungen), bei der drei unterschiedliche Fahrer (hellgrüne Linien) in der kooperativen Fahrt dem Verlauf einer Referenzlinie (schwarz gestrichelte Linie) folgen sollten. Sie haben in der vorherigen Runde eine vollautomatische Fahrt entlang der Ideallinie erlebt und erhalten eine Unterstützung in Lenkung und Bremse, die dem Fahrer jedoch eigenen Handlungsspielraum ermöglicht. Fahrer (a) lenkt, gemeinsam mit dem System, aktiv in die Kurve und trifft die Ideallinie sehr gut. Fahrer (b) umgreift das Lenkrad, lässt sich aber nur passiv mitführen und lenkt nicht selber mit. Er stört dadurch die Lenkwinkelregelung und das Fahrzeug wird in der Kurve leicht nach außen getragen. Fahrer (c) lenkt aktiv in die Kurve, allerdings deutlich zu früh. Er ignoriert dabei die Lenkempfehlungen vom System, die ihn zurück auf die Ideallinie bringen sollen und erlebt nicht die korrekte Ideallinie, die er lernen soll.

- Kann die Lenkunterstützung für Fahrer (a) reduziert werden?
- Hat Fahrer (b) ohne eigenen Beitrag etwas dazugelernt?
- Hat Fahrer (c) gegebenenfalls sogar die falsche Fahrweise gelernt?
- Hätte das FAS die große Abweichung deswegen verhindern müssen?

Diese Fragen sind beim Entwurf des Kooperationsverhaltens zu berücksichtigen. Zunächst steht im Vordergrund, welchen Einfluss der Fahrer nach Abbildung 3.5 (b) und 3.5 (c) offensichtlich auf das Gesamtsystem hat und ob das FAS die Abweichung verhindern kann. Wie die Reglerperformance von der Interaktion mit dem Fahrer abhängt, zeigt der folgende Abschnitt.

### 3.2.2 Regelungsstrukturen und Fahrereinfluss

Aus regelungstechnischer Sicht ist der Fahrer in erster Linie eine Störgröße, die die erreichbare Regelgüte eines FAS beeinträchtigt. In Kapitel 3.1.2 wurde anhand des „Drei-Ebenen-Modells" nach [Don16] die Fahrzeugführung menschlicher Fahrer als Regelkreis beschrieben. Das Gleiche soll nun für den Regelkreis der kooperativen Fahrfunktion erfolgen. Dafür wird zunächst ein Regelkreis der vollautomatischen Fahrt ohne Fahrer eingeführt und anschließend gezeigt, an welcher Stelle der Fahrer eingebunden ist.

In Kapitel 2 wurden wichtige Bausteine der vollautomatischen Fahrt auf der Rennstrecke bereits erläutert. Abbildung 3.6 zeigt den Informationsfluss zwischen diesen Bausteinen in einem gemeinsamen Regelkreis. Die Aufgabe der Bahnplanung ist die Vorgabe einer sicheren und zeitoptimalen Linie, die das Fahrzeug fahren soll. Die Berechnung der Linie kann

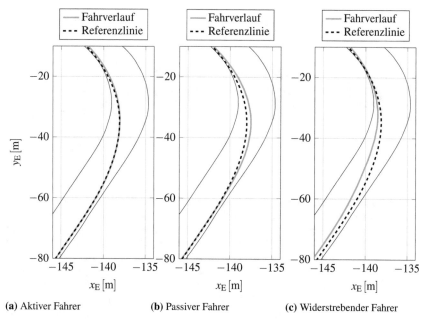

**(a)** Aktiver Fahrer **(b)** Passiver Fahrer **(c)** Widerstrebender Fahrer

**Abbildung 3.5:** Beispielfahrten mit kooperativer Unterstützung

vor Fahrtbeginn abgeschlossen sein, kommt es aber zu unerwarteten Abweichungen vom geplanten Kurs oder sind Hindernisse auf der Fahrbahn, muss die Linie neu berechnet werden. Basierend auf dem aktuellen Fahrzustand ermittelt die Fahrdynamikregelung welche Eingriffe notwendig sind, um dem Sollkurs der Bahnplanung zu folgen. Die dafür notwendigen Quer- und Längskräfte werden anschließend als Sollgrößen an die Aktorikregelung gegeben. Die Aktorikregelung regelt den Radlenkwinkel beispielsweise über Lenkmomente und die Längsbeschleunigung über eine Ansteuerung von Motorsteuergerät und Bremssystem. Die Aktorikregelung ist dadurch ein innerer Regelkreis der Fahrdynamikregelung, welche wiederum ein innerer Regelkreis der Bahnplanung ist. Diese Struktur ist bekannt als Kaskadenregelung, bei der sich der jeweils äußere Regelkreis auf die Performance des inneren Regelkreises verlassen muss. Es wird dabei angenommen, dass die jeweils innen liegende Kaskade die Sollgröße der außen liegenden Kaskade in ausreichender Qualität einregelt: Die Bahnplanung geht davon aus, dass der Trajektorienwunsch genau so umgesetzt wird, wie geplant wurde. Damit die Fahrdynamikregelung dazu die Möglichkeit hat, müssen Lenkwinkel und Längsbeschleunigung idealerweise „sofort" auf das Fahrzeug wirken. Das geht natürlich nur, wenn die Aktorikregelung, als innerer Regelkreis der Fahrdynamikregelung, einen ungehinderten und starken Einfluss auf die Fahrzeugaktorik hat. Zudem wird die Reglerkaskade in der vollautomatischen Fahrt üblicherweise durch Störgrößenkompensationen robustifiziert, um unerwünschte Einflüsse wie Seitenwind, verminderter Reibwert

durch nasse Fahrbahn oder schlechter werdende Reifen zu kompensieren und so das Ziel
der Minimierung der Rundenzeit nicht zu gefährden.

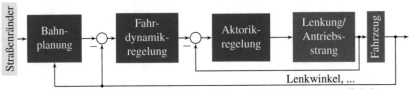

**Abbildung 3.6:** Regelkreis einer vollautomatischen Fahrfunktion

Integriert man einen Fahrer als aktiven Teilnehmer in das Gesamtsystem, so wirkt dieser, aus
Sicht des Regelkreises, wie eine Störgröße. Abbildung 3.7 zeigt das vorherige Regelschema,
in dem nun aber ein Fahrer ebenfalls auf die Fahrzeugaktorik wirkt und seine eigenen Soll-
und Ist-Größen-Abgleiche durchführt. Der Fahrer kann durch die Bedienung von Lenkrad,
Gas- und Bremspedal die Aufgabe der Aktorikregelung massiv beeinflussen. Dadurch wird
die Annahme von dem performanten inneren Regelkreis verletzt, was negativ auf die äußeren Regelkreise rückwirkt (rot gestrichelte Pfeile). Hält der Fahrer das Lenkrad starr fest,
wird das Fahrzeug beispielsweise die Straßenränder verlassen, unabhängig davon, welche
Querkraft die Fahrdynamikregelung anfordert oder welche Route von der Bahnplanung berechnet wurde.

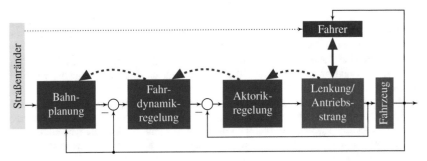

**Abbildung 3.7:** Regelkreis einer kooperativen Fahrfunktion

Um die Stabilität der Regelung aufrecht zu erhalten, müsste die Störung durch den Fahrereinfluss kompensiert werden. Direkte Verfahren, wie zur Kompensation üblicher Störgrößen, stehen hier vor der Herausforderung, dass der Einfluss vom Fahrer nicht wirklich
antizipierbar ist, da dieser ein unbekanntes Fahrziel verfolgt. Zudem ist es je nach Assi-
stenzarchitektur nicht oder nur schwer möglich, den Fahrer zu überstimmen. Bei paralleler Einbindung müsste der Fahrer physisch übermannt werden, was zu Problemen mit der
Interaktionssicherheit führen kann. Nur bei serieller Anbindung, wie einer „X-By-Wire"-
Architektur, ist es überhaupt möglich, den Fahrer vom Fahrgeschehen komplett zu entkop-

peln. Einige der hier thematisierten Schwierigkeiten haben mehr Relevanz für parallele Assistenzstrukturen, da serielle Strukturen den Fahrer einfach entkoppeln können. Für eine serielle Anbindung existieren ähnliche und auch zusätzliche Herausforderungen, wenn der Fahrer beispielsweise nach einer Entkopplung wieder in die Fahraufgabe eingebunden werden muss [LMH+18].

Die Kompensation des Fahrereinflusses ist regelungstechnisch notwendig, um Performance und Stabilitätsziele zu erreichen. Aus Sicht des Kooperationsverhaltens ist eine Kompensation oder Entkopplung jedoch nur dann gewollt, wenn die Verkehrssicherheit in Gefahr ist. In unkritischen Situationen sollen Fahrer und Fahrereinfluss hingegen respektiert werden. Im nächsten Abschnitt erfolgt eine nähere Betrachtung dieser Aspekte.

### 3.2.3 Einschränkung der Robustifizierungsmöglichkeiten

In den vorangegangenen Abschnitten wurde herausgestellt, dass das Ziel der Regelung einer kooperativen Assistenzfunktion nicht mehr zwangsweise die minimale Regelabweichung ist, sondern der Fahrer das System beeinflussen darf. Das gewünschte Kooperationsverhalten gewährt der Aktorikregelung selten die volle Aktionsfreiheit und zusätzlich wird diese durch Grenzwerte auf die Stellgrößen eingeschränkt, von denen einige in Abschnitt 3.1.4 vorgestellt wurden. Aber selbst wenn die Regelung nicht durch eine konkrete Vorgabe vom Kooperationsverhalten oder durch erreichte Grenzwerte gehemmt wird, ist es in der kooperativen Fahrt nicht ohne Weiteres möglich, eine gute Gesamtperformance zu erreichen.

Was dies bedeutet, wurde bereits in Abbildung 3.5 (a) bis (c) aufgezeigt. Zu sehen sind dort drei unterschiedliche Reaktionen der eingebundenen Fahrer. Abbildung 3.5 (a) zeigt einen Fahrer, der mit der Fahrfunktion zusammenarbeitet und der Referenzlinie perfekt folgt. Abbildung 3.5 (b) zeigt einen passiv agierenden Fahrer, der einfach nur das Lenkrad umschließt, damit die Lenkbewegungen dämpft und schon dadurch einen messbaren Effekt auf die Kursabweichung hat. In Abbildung 3.5 (c) lenkt der Fahrer gegen die Empfehlungen vom FAS und erzeugt große Abweichungen von der Referenzlinie. Für das Kooperationsverhalten entstehen daraus mehrere Fragestellungen. Es wird die Frage zu beantworten sein, ob der erste Fahrer in der darauffolgenden Kurve weniger unterstützt werden sollte, da er möglicherweise keine Assistenz braucht? Soll der Regler beim zweiten Fahrer stärker eingreifen, um ihm besser die Referenzlinie zu zeigen? Soll der dritte Fahrer mehr Freiraum durch geringere Eingriffsintensität erhalten, um seinen Fahrtwunsch besser durchzusetzen, oder sollte er durch stärkere Lenkmomente zurück auf den Kurs gebracht werden?

Im Rahmen der Arbeit wird herausgearbeitet, warum es nicht gut ist, Fahrer 3 mit allen Mitteln zurück auf den Kurs zu bringen. Dass dies außerdem nicht so leicht möglich ist, zeigt folgende Diskussion von Ansätzen zur Robustifizierung und die späteren Erläuterungen zur Eingriffstärke. Bei einer Robustifizierung wird der Regelkreis so erweitert, dass extern wirkende Störungen einen geringeren Einfluss auf das System haben, oder, dass der Regelkreis auch bei Abweichungen vom Normverhalten weiterhin stabil bleibt. Es werden drei mögliche Ansätze diskutiert: der Fahrer als definierbare Störung im System, als Teil der Strecke und auch als unbekannter Störeinfluss.

**Definierbare Störung:** Der Fahrer könnte als Unsicherheit im Regelkreis modelliert und nach bekannten Methoden der robusten Regelung [SP05] kompensiert werden. Da der Fahrereinfluss aber nicht konstant und auch nicht begrenzt ist, ist eine vollständige Modellierung als Unsicherheit schwierig oder sogar nicht möglich. Außerdem wäre mit dieser Methode zwar ein robust stabiler Regler umsetzbar, aber die Anforderungen an robuste Performance des inneren Regelkreises sind wahrscheinlich nicht zu erfüllen.

**Teil der Strecke:** Der Fahrer könnte auch als Teil der Regelstrecke modelliert werden, wie es in [ECL+16] erfolgt. Da der Fahrereinfluss jedoch nicht vorhersehbar ist, wären die Modellparameter zeitlich veränderlich und könnten nur nachträglich geschätzt werden. Bei spontanen Reaktionen des Fahrers würde die Aktorikregelung plötzlich eine stark veränderte Strecke vorfinden. Eine gezielte und sinnvoll begrenzte Anwendung dieses Verfahrens könnte aber bei passiven Fahrern wie aus Beispiel 3.5 (b) helfen, da das passive Festhalten lediglich wie eine zusätzliche Masse im Lenksystem wirkt.

**Unbekannter Störeinfluss:** Neben diesen aufwändigen Ansätzen kann auch durch integrierende Anteile (I-Anteile) im Regler robustifiziert werden [Lun10a]. Die Stellgröße wird relativ zum integrierten Regelfehler erhöht, bis der Fehler verschwindet, oder in die andere Richtung umschlägt und die Integration über den Fehler wieder null wird. In der vollautomatischen Fahrt kann dies beispielsweise zur Reduktion von Querabweichungen genutzt werden, indem die Fahrdynamikregelung (FDR) den angeforderten Lenkwinkel erhöht. Die Annahme ist hier, dass der aktuelle Lenkwinkel (und damit die Querkräfte an den Reifen) nicht ausreicht, um dem Kurvenverlauf folgen zu können. Bei einem Fahrer mit rein passivem Einfluss wäre diese Vorgehensweise akzeptabel, da durch einen größeren Soll-Lenkwinkel auch die Lenkwinkelregelung ein stärkeres Lenkmoment stellen würde. Wenn der Fahrer aber sprunghaft seine Beteiligung im Lenkrad verändert, oder dieses nach einem starken Gegenlenken sogar komplett loslässt, muss der Fahrdynamikregler zuerst den nun überflüssigen I-Anteil abbauen. Ein Zurücksetzen des I-Anteils und daraus resultierende Sprünge im Lenkmoment sind aus Gründen der Interaktionssicherheit nicht gewollt. Das integrierende Verhalten muss also situationsabhängig gestaltet werden und mit einer Fahrerbeobachtung ergänzt werden.

In der kooperativen Fahrt sind integrierende Anteile im Regelkreis deswegen kritisch auf Ursache und Wirkung zu überprüfen. In dem genannten Beispiel kann der Fahrereinfluss zwar durch Erhöhung des Soll-Lenkwinkels kompensiert werden, diese Robustifizierung sollte aber auf Ebene der Lenkwinkelregelung erfolgen, denn nur diese ist vom Fahrer direkt betroffen. Möchte man nun auf Ebene der Bahnfolgeregelung Maßnahmen bezüglich der weiter oben beschriebenen Störgrößen wie Seitenwind oder Reifendegradation ergreifen, muss dies in der kooperativen Fahrt anders als über die Integration der vom Fahrer beeinflussbaren Querabweichung erfolgen. Die Reifendegradation könnte beispielsweise durch Anpassung des Modells der Reifenseitensteifigkeit berücksichtigt werden. Aus den hier genannten Gründen und Herausforderungen wurde in dieser Arbeit auf jegliche Robustifizierungsmaßnahmen durch integrierende Regelkreisglieder verzichtet.

Die Fahrfunktion wird durch das Kooperationsverhalten und die Stellgrößenbeschränkungen in ihrem Einfluss auf Fahrer und Fahrzeug begrenzt und die Robustifizierungsmöglichkeiten sind limitiert. In unkritischen Fahrsituationen leidet darunter lediglich die Spurgenauigkeit und damit das Lernziel. Bei der Fahrt im Grenzbereich auf einer Rennstrecke sind durch Abweichungen jedoch sofort die Berechnungsannahmen der in Abschnitt 2.2 und 2.3 vorgestellten Planungs- und Regelungsverfahren verletzt, da diese zunächst nur auf der Ideallinie gültig sind. Bei fahrerinduzierten Abweichungen von der Referenzlinie kann es deswegen zu kritischen Situationen kommen, beispielsweise durch instabile Zustände der Fahrdynamik oder ein Verlassen der Strecke. Ist es für das System nicht möglich, den Fahrer zu entkoppeln, muss es mit diesen Störungen umgehen. Die Bahnplanung kann durch die Neuplanung einer fahrdynamisch akzeptablen Route reagieren, die Fahrdynamik- und Aktorikregelung bleiben aber in der beschriebenen Problematik und ermöglichen keine Spezifizierung der maximalen Abweichung zur neuen Solltrajektorie. Während in der vollautomatischen Fahrt ohne Fahrereinfluss bei einer guten Reglerabstimmung feste Maximalwerte vom Regelfehler angegeben werden können, existieren in der kooperativen Fahrt mit paralleler Assistenzstruktur keine oder nur unscharfe und nicht garantierbare Grenzen auf die Abweichungen von den Sollgrößen. Konkret bedeutet dies für die Trajektorienplanung, dass sie einen fahrer- und situationsabhängigen Sicherheitsabstand zu den Grenzen der Strecke oder der fahrdynamischen Stabilität einplanen sollte, der größer als die Reserve für klassische Regelabweichungen ist.

## 3.3 Konzept für Mentorensysteme

Bisher wurde gezeigt, dass in der kooperativen Fahrt viele Widersprüche bestehen über deren Auflösung nur das Unterstützungsziel und die konkrete Fahrsituation entscheiden kann. Anders als bei vielen anderen Regelungsaufgaben sind es nicht die Sollgrößen und Streckenmodellierung, sondern vor allem Nebenbedingungen, Grenzwerte und Ausnahmefälle, die den Systementwurf dominieren und die aus dem anwendungsspezifisch gewünschten Kooperationsverhalten abgeleitet werden müssen. Dafür werden zwei übergeordnete **Konzepte** zum Entwurf von Mentorensystemen vorgestellt. Das erste betrifft den Umgang mit dem Einfluss des Fahrers auf das Regelungssystem. Das zweite Konzept veranschaulicht das Unterstützungsziel eines Mentorensystems, welches eine systematische Auslegung vereinfacht.

Durch kooperative Eingriffe vom Mentorensystem in die Fahrzeugdynamik soll der menschliche Fahrer das anwendungsspezifische Lernziel (beispielsweise die zeitoptimale Fahrt auf der Rennstrecke) lernen und dabei vor gefährlichen Situationen geschützt werden. In Abschnitt 3.2.2 wurde herausgearbeitet, dass der Fahrer einen großen Einfluss auf das Fahrzeug hat. In gefährlichen Situationen stört der Fahrer dadurch die Regelung und damit die Möglichkeit ihn vor Gefahren zu schützen. In normalen Fahrsituationen ist der Einfluss vom Fahrer hingegen erwünscht, da dieser auch eigene Erfahrungen sammeln soll. Unter der Prämisse

**Der Fahrer ist (k)eine Störgröße**

kann der regelungstechnische Zielkonflikt aus Reglerperformance und geduldeter Einbindung des Fahrers aufgelöst werden. Das Mentorensystem ist so zu entwerfen, dass es den Einfluss vom Fahrer als Teil des Trainings respektiert, aber auch in der Lage ist, den Fahrer zu überstimmen, um gefährliche Situationen zu verhindern.

Die Art, auf die ein kooperatives System mit dem Fahrer interagiert, wird in dieser Arbeit allgemein unter dem Begriff Kooperationsverhalten zusammengefasst. Dieses kann aus einer Vielzahl von Sollgrößen, Grenzwerten, Nebenbedingungen und situativen Anpassungen synthetisiert werden. Abschnitt 3.2.1 hat hierfür bereits einige Aspekte vorgestellt. Die Herausforderungen beim Entwurf von Mentorensystemen liegen jedoch nicht darin, das Lernziel festzulegen oder dieses ohne Fahrerinteraktion umzusetzen, sondern darin, es dem Fahrer über eine sinnvolle Gestaltung des Trainings beizubringen. Wie bereits beschrieben stellt das Fahrkönnen keine direkt messbare Regelgröße dar und das FAS wirkt nur indirekt auf den Lernprozess des Fahrers ein. Die Auslegung des Gesamtsystems kann demnach nur auf Annahmen beruhen, aus denen sich klare Sollgrößen und Interaktionsregeln ableiten. Der Systementwurf wird deswegen an einem bestimmten Typ von Lehrer orientiert: dem in der Kapiteleinleitung genannten Mentor. Das Kooperationsverhalten sollte so gestaltet werden, dass es die Elemente

$$\text{Mentorensystem} = \text{Führung} + \text{Freiraum} + \text{Individualität} + \text{Sicherheit}$$

aufweist. Wie diese Gestaltungsrichtlinien beim regelungstechnischen Entwurf berücksichtigt werden können, zeigt der Abschnitt 3.3.2, doch zunächst wird in Abschnitt 3.3.1 diskutiert, wie der Fahrer die aktive Unterstützung vom FAS überhaupt erlebt. Die Eingriffe des Mentorensystems basieren dabei auf der Abstimmung der internen Reglerkaskade aus Fahrdynamik- und Aktorikregelung und den an diese gestellten Sollgrößen. Abschnitt 3.3.3 zeigt den angepassten Regelkreis des Mentorensystems.

### 3.3.1 Eingriffsdominanz und Planungsadaption

Um den Einfluss vom Fahrer auf den Regelkreis zu reduzieren oder diesen sogar zu verhindern, muss die Aktorikregelung stark eingreifen oder, im Falle einer „X-By-Wire" Architektur, den Fahrer komplett entkoppeln. Der in [AMB12] vorgestellte Freiheitsgrad Level of Haptic Authority (LoHA) beschreibt, welche Autorität das Assistenzsystem auf die Stellgrößen Lenkrad, Gas- und Bremspedal ausübt und damit, wie stark der Wunsch des Fahrers überstimmt wird. In dieser Arbeit wird der ähnliche Begriff „Eingriffsdominanz" (ED) eingeführt, da das FAS den Fahrer auch durch optische oder akustische Informationen beeinflussen kann. Diese besitzen keine haptischen Anteile und auch in Gas- und Bremspedal sind die haptischen Interaktionen begrenzt. Abbildung 3.8 zeigt schematisch, dass durch Variation der Eingriffsdominanz von manueller Fahrt bis zur vollständigen Entkopplung des Fahrers ein großer Interaktionsbereich abgedeckt wird. Die geringste Eingriffsstärke haben audiovisuelle Informationen wie Warntöne oder Einblendungen im Sichtfeld. Lenkradvibrationen oder vergleichbare Signale wie ein leichter Ruck in der Bremse wirken auf den Fahrer durch haptische Informationen. Diese sollen den Fahrer nur marginal beeinflussen und ihn primär auf etwas aufmerksam machen. Als nächste Ausbaustufe zählen die geringen

Lenkmomente einer Spurhalteassistenz oder moderate Eingriffe in die Längsdynamik, wie die einer automatischen Distanzregelung. Zuletzt wird der Fahrer entkoppelt, beispielsweise bei Eingriffen eines Notbremsassistenten, wenn der Fahrer auf dem Gaspedal steht und eine gefährliche Situation übersieht. Wie in den Beispielen zu sehen ist, ist die Eingriffsdominanz an das Ziel des Assistenzsystems (Information, Unterstützung, Automatisierung, Überstimmen) anzupassen.

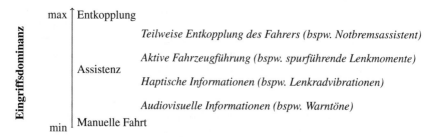

**Abbildung 3.8:** Beispielhafter Spielraum der Eingriffsdominanz

Die letztlich vom Fahrer wahrgenommene Unterstützung ist von der Eingriffsstärke der Regelung (Eingriffsdominanz) und dem Zusammenspiel zwischen der Sollvorgabe des FAS und dem Fahrwunsch des Fahrers abhängig. Möchten FAS und Fahrer dieselbe Route fahren, muss das Assistenzsystem weniger oder gar nicht agieren, da der Fahrer dies bereits tut. In vorherigen Untersuchungen wurde festgestellt, dass die fahrerseitige Akzeptanz bezüglich eines Assistenzsystems stark davon abhängig ist, ob Fahrer und Fahrfunktion die gleiche oder eine unterschiedliche Vorstellung vom zukünftigen Fahrverlauf haben [AMB12, FWBB16]. Dies wird am Beispiel eines aktiven Spurhalteassistenten illustriert. Das Ziel dieses FAS ist das Halten der aktuellen Spur. Droht das Fahrzeug die Spur zu verlassen, wird der Fahrer durch additive Lenkmomente unterstützt. War der Fahrer unaufmerksam, entspricht es auch dem Wunsch des Fahrers die Spur zu halten und er wird die Interaktion positiv bewerten. Möchte der Fahrer jedoch die Spur wechseln, stören ihn diese Eingriffe, weswegen die Spurführung beispielsweise durch das Setzen des Blinkers kurzzeitig deaktiviert werden kann. Der Fahrerwunsch wird dann nicht von den Reglereingriffen gestört. Bei einem einfachen FAS wie dem Spurhalteassistenten kann dieser Effekt durch Reduktion der Eingriffsdominanz erzeugt werden, wodurch die Regelung einfach ausgeschaltet wird. Es kann aber auch der Wunsch des Fahrers interpretiert und als neues eigenes Systemziel übernommen werden. Wenn die Bahnplanung diesen exakt nachbildet, stören Eingriffe den Fahrer wahrscheinlich nicht mehr oder werden vielleicht gar nicht von ihm Wahrgenommen. Die Eingriffsdominanz reicht demnach nicht aus, um die Interaktion des FAS vollständig zu definieren, da der gleiche Effekt auf den Fahrer auch durch Anpassung der Sollvorgabe erzeugt werden kann. In [BFAM14] wird die Anpassung der geplanten Route an den Wunsch des Fahrer unter dem Begriff „Trajectory Adaption" eingeführt. Das FAS versucht den Fahrerwunsch bestmöglich nachzubilden und der Fahrer kann dem System eine eigene Wunschgeschwindigkeit oder eine favorisierte Querablage zur Mitte der Spur vorgeben.

In [BFAM14] ist die bestmögliche Nachbildung des Fahrerwunsches das Ziel der „Trajectory Adaption". Bei einem Mentorensystem soll dem Fahrer jedoch etwas beigebracht werden und es ist davon auszugehen, dass dazu nicht der Fahrerwunsch, sondern der Systemwunsch die richtige Zieltrajektorie vorgibt. Aus diesem Grund wird mit der „Planungsadaption" (PA) ein Konzept zur Auslegung von FAS vorgestellt, das die Anpassung der Bahnplanung zwischen dem Wunsch des Fahrers und einem anwendungsspezifischen Ziel des Assistenzsystems beschreibt. Anders als die „Trajectory Adaption", die den Prozess der möglichst genauen Nachbildung des Fahrerwunsches bezeichnet, ist die Planungsadaption ein variierbarer Freiheitsgrad. Mit diesem soll die Planung zwischen dem (interpretierten) Wunsch des Fahrers und einem (objektiven) Ziel des FAS angepasst werden, um einen Kompromiss zwischen Fahrerakzeptanz und Vermittlung der Lernziele zu erreichen. Die Anpassung der Sollvorgabe ist für ein Mentorensystem besonders wichtig, da dies die Trajektorie beeinflusst, die dem Fahrer beigebracht wird.

Im Kontext dieser Arbeit entspricht der primäre Systemwunsch der Fahrt auf der Ideallinie. Zunächst wird beleuchtet, warum es beim Fahren auf einer Rennstrecke überhaupt zu unterschiedlichen Wunschtrajektorien kommen kann und wann es sinnvoll für ein Mentorensystem ist, sich diesen anzupassen. Ungeübte Fahrer kennen das Konzept von Ideallinie, Bremszone und Scheitelpunkt meist nicht. Häufiger Fehler ist beispielsweise zu frühes Einlenken in die Kurve oder die Tendenz, Kurven mit einem weiten Bogen zu befahren, was oft nicht dem idealen Verlauf entspricht [Ben11]. Hier ist es nicht sinnvoll, dass sich das System an die Fahrweise des Fahrers adaptiert, sondern es sollte bei dem Verlauf der vorprogrammierten Ideallinie bleiben. Für die Fahrfunktion ist es aber zunächst nicht ersichtlich, ob vom Systemwunsch abweichende Linien aus Unerfahrenheit oder Talent resultieren. In Abschnitt 2.2.1 wurde die Fahrweise von Rennfahrern vorgestellt, auf denen die Referenzlinien aus Abschnitt 2.2.2 basieren. Dort wurde bereits beschrieben, dass es nicht eine einzige, sondern eine Vielzahl von Ideallinien gibt, die je nach Fahrzeug und Fahrziel variieren. Beim Entwurf des Mentorensystems wird ein Fahrverlauf als Referenz festgelegt, der beispielsweise von professionellen Instruktoren empfohlen wird. Fahrer mit Vorerfahrung haben möglicherweise einen anderen Fahrstil oder ein anderes Fahrzeug kennengelernt, oder sie fühlen sich mit einer bestimmten Herangehensweise besonders wohl. Eventuell möchten diese in den ersten Runden noch nicht das Maximum austesten, sondern präferieren einen sanfteren Fahrstil, wie zum Beispiel durch die Wahl von größeren Kurvenradien. Abweichungen von der Referenzlinie sind deswegen nicht gleichbedeutend mit einem ungeübten Fahrer und sie resultieren auch nicht unbedingt in einer langsameren Rundenzeit. Gibt man den erfahrenen Schülern keinen Freiraum für eigene Fahrweisen, würden diese das System nach wenigen Runden ausschalten und damit einen potentiellen Lernprozess sowie die Steigerung der Sicherheit verhindern. Die Planungsadaption ist wichtig, um bei steigendem Fahrkönnen von der vorprogrammierten Linie abweichen zu können und den bestmöglich interpretierten Wunsch des Fahrers zu respektieren oder sogar zu unterstützen.

Abbildung 3.9 (a) skizziert den Freiheitsgrad der Planungsadaption anhand von vier unterschiedlichen Trajektorien durch einen nicht intuitiven Kurvenverlauf. Eingezeichnet sind links vier verschiedene Bahnkurven und rechts die dazugehörigen Geschwindigkeitsprofile. Die schwarz gestrichelte Ideallinie zeigt einen Fahrstil, bei dem, um früh Beschleunigen zu

können, die größte Kurvenkrümmung deutlich vor den Scheitelpunkt (graues Dreieck) ge-
legt wird. Diese Technik ist sinnvoll bei stark motorisierten Fahrzeugen und Kurven, die auf
eine lange Gerade führen, da die Kurvenausgangsgeschwindigkeit maximiert wird. In der
gezeigten Situation hat der Fahrer zu früh eingelenkt, was durch den ungewöhnlichen Verlauf der inneren Streckenbegrenzung begünstigt wird. Möchte man dem Fahrer den Verlauf
der Ideallinie weiterhin möglichst exakt beibringen, müsste eine Trajektorie wie die dunkelblau durchgezogen gezeichnete gewählt werden, die nur wenig Abweichungen empfiehlt.
Diese könnte dem optimalen Systemwunsch entsprechen, da sie noch vor dem Scheitelpunkt zurück auf die Ideallinie führt und damit weiterhin die maximale Kurvenausgangsgeschwindigkeit behält, siehe Abbildung 3.9 (b). Vergleicht man das Geschwindigkeitsprofil
des Systemwunsches mit dem des hellgrün durchgezogen gezeichneten Fahrerwunsch, erkennt man, dass der Wunsch des Fahrers eine niedrige Kurvenausgangsgeschwindigkeit
zur Folge hat. Dieser könnte die Kurve in einem langgezogenen Bogen befahren wollen.
Der Fahrer behält dadurch eine höhere Geschwindigkeit am Scheitelpunkt. Resultat ist jedoch eine niedrigere Endgeschwindigkeit, da erst später beschleunigt werden kann. Passt
das Mentorensystem die Trajektorie mithilfe der Planungsadaption an den Fahrerwunsch
an, könnte eine Trajektorie wie die rot gepunktete Adaption resultieren. Diese weist quali-
tativ den Verlauf der Ideallinie auf, sollte aber beim Fahrer eine größere Akzeptanz als der
originäre Systemwunsch erzeugen und damit eher von diesem befolgt werden.

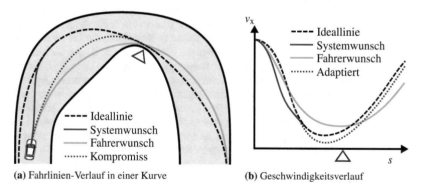

(a) Fahrlinien-Verlauf in einer Kurve      (b) Geschwindigkeitsverlauf

**Abbildung 3.9:** Auswirkung der Planungsadaption auf die Trajektorie

Je höher die Systemziele priorisiert werden, desto mehr muss der Fahrer von seinem eigenen
Fahrwunsch abgebracht werden. Dies ist nur durch starke Eingriffe in die Quer- und Längsführung möglich. Die Eingriffsdominanz muss dementsprechend gemeinsam mit der Planungsadaption an den Fahrer und die Trainingssituation angepasst werden. Wird der Fahrer
in der Querführung hingegen wenig beeinflusst, macht es Sinn auch die Planungsadaption
an den Fahrerwunsch anzupassen.

## 3.3.2 Auslegungsraum der Kooperationstypen

Die beiden Freiheitsgrade Eingriffsdominanz und Planungsadaption entscheiden über die vom Fahrer spürbaren Eingriffe und auch darüber, auf welche Art das FAS mit dem Fahrer kooperiert. Sie bestimmen dadurch zentrale Aspekte des Kooperationsverhalten. In der geteilten Fahrzeugführung („(haptic) shared control") spannen sich nach Ansicht des Autors drei grundsätzliche Typen der Kooperation zwischen Fahrer und Fahrzeug auf, wobei als Kooperationsgrundlage der ursprüngliche Fahrtwunsch des Fahrers angenommen wird. Es resultieren die Kooperationstypen der „maximalen", „minimalen" und „reduzierten" Kooperation. Bild 3.10 ordnet diese Typen in die beiden Abstimmungsdimensionen Eingriffsdominanz und Planungsadaption ein, an den Eckpunkten liegen jeweils die Steuerungs- und/oder die Planungshoheit beim Fahrer oder beim System. Im Kooperationstyp maximaler Kooperation unterstützt das System den Fahrer bei seinen Zielen und stellt sich komplett auf das ein, was dieser macht oder machen möchte. Selbst bei starken Eingriffen vom FAS wird der Fahrer nicht in seinem Wunsch beeinträchtigt, sondern er wird dabei aktiv unterstützt. In der minimalen Kooperation hingegen wird der Fahrtwunsch des FAS priorisiert und die Ziele vom Fahrer werden ignoriert. Hier steht meist nur noch ein höheres Kooperationsziel im Vordergrund, beispielsweise die Wahrung der Verkehrssicherheit. In beiden Fällen kann das FAS mit starken Eingriffen auf das Fahrzeug einwirken (Eingriffsdominanz = max). Im Vergleich zur maximalen Kooperation entsteht für den Fahrer jedoch eine vollkommen gegensätzliche Interaktion mit dem FAS. Die maximale und minimale Kooperation sind nicht scharf voneinander trennbar, da nicht nur in gefährlichen Situationen der Fahrtwunsch von Fahrer und FAS identisch sein können. Stimmen die Fahrtwünsche hingegen nicht überein, spannt sich ein breites Spektrum an Kooperationsmöglichkeiten auf. Da das FAS hier den Wunsch des Fahrers berücksichtigt, aber nicht vollständig befolgt, wird dieses Spektrum als reduzierte Kooperation bezeichnet. Dieser Abstimmungsbereich ist notwendig, um die Unterstützung an das subjektive Empfinden des Fahrers anzupassen, ohne das Ziel des FAS (bspw. das Lernziel) zu ignorieren. Die manuelle Fahrt (Eingriffsdominanz = min) ist eigentlich kein Kooperationstyp, kann aber als Sonderfall maximaler Kooperation betrachtet werden, da das FAS den Fahrer nicht in seinem Wunsch stört.

**Abbildung 3.10:** Kooperationstypen in Abhängigkeit von Eingriffsdominanz und Planungsadaption

Die reduzierte Kooperation ist essentiell für ein Mentorensystem. Mit der Anpassung der Bahnplanung durch den Freiheitsgrad der Planungsadaption wird die Interaktion mit dem

FAS für den Fahrer nachvollziehbarer und angenehmer. Das ist für einen virtuellen Mentor sinnvoll, da dies zu einer höheren Akzeptanz der Eingriffe führt, ohne dass das Lernziel vernachlässigt werden muss. In dem durch Eingriffsdominanz und Planungsadaption entstehenden Raum der Kooperationstypen kann die Auslegung des Mentorensystems durchgeführt und nach den in Abschnitt 3.3 genannten Prinzipien **Führung, Freiraum, Individualität** und **Sicherheit** gestaltet werden. **Führung** bedeutet zunächst, dass das FAS in der Lage ist, das anwendungsspezifische Lernziel demonstrieren zu können. Dies entspricht dem Kooperationstyp minimaler Kooperation, in dem der störende Einfluss der Fahrers einkalkuliert, aber nicht respektiert werden muss. Die unter maximaler Eingriffsdominanz erreichbare Regelgenauigkeit stellt dementsprechend eine obere Grenze für die Performance des Gesamtsystems dar und der Einsatz kann beispielsweise in einer initialen Vorführrunde sinnvoll sein. Für ein Mentorensystem mit kooperativen Eingriffen soll der Fahrer aber nicht nur Zuschauer sein, sondern aktiv in die Fahraufgabe eingebunden werden, damit dieser eigene Erfahrungen sammeln kann. Dieser **Freiraum** kann beispielsweise durch Reduktion der Eingriffsdominanz erfolgen, damit der Fahrer vom idealen Verlauf durch eigene Lenk-, Gas- und Bremseingriffe abweichen darf. Wie im vorherigen Abschnitt gezeigt wurde, ist dies aber auch durch den Freiheitsgrad der Planungsadaption möglich, weil das FAS dann weniger gegen den Fahrerwunsch arbeitet. Abbildung 3.11 (a) illustriert die Abstimmungsmöglichkeiten, von der sich von der optimalen Führung (minimale Kooperation) zwei Wege für den Fahrerfreiraum ergeben.

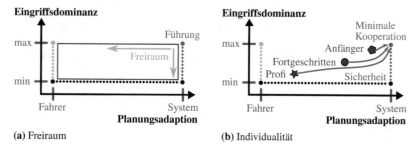

(a) Freiraum (b) Individualität

**Abbildung 3.11:** Freiraum und Individualität im Auslegungsraum der Kooperationstypen

Dieser Auslegungsraum ermöglicht eine **individuelle** Abstimmung des Mentorensystems, welches sich auf das Können und den Lernfortschritt des Fahrers anpassen kann. Abbildung 3.11 (b) zeigt mit unterschiedlichen Symbolen drei mögliche Abstimmungen für Fahrer mit wachsender Fahrzeugbeherrschung, die beispielhaft mit den Bezeichnungen Anfänger, Fortgeschritten und Profi versehen wurden, um die Parametrierungsmöglichkeiten eines Mentorensystems zu illustrieren. Einem geübten Fahrer würde das Mentorensystem dementsprechend am meisten Freiraum ermöglichen.

Die Wahrscheinlichkeit für kritische Situationen steigt, wenn das Mentorensystem dem Fahrer mehr Freiraum erlaubt. Das FAS ist bei einer stark reduzierten Eingriffsdominanz jedoch nicht mehr in der Lage den Fahrer zu schützen. Um die **Sicherheit** eines Fahrertrainings trotzdem zu erhöhen, ist es in gefährlichen Situationen notwendig, dass das Mentorensystem sowohl Eingriffsdominanz als auch Planungsadaption dynamisch anpassen kann. Ist die Bahnplanung so ausgelegt, dass sie nur sichere und fahrbare Trajektorien berechnet, erfolgt die Anpassung der Trajektorie automatisch. Für die Variation der Eingriffsdominanz muss jedoch zunächst die (ggf. fahrerindividuelle) Kritikalität der Situation erkannt und die Eingriffsdominanz wieder erhöht werden. In diesen Situationen wechselt das System in die minimale Kooperation mit maximaler Eingriffsdominanz, was in Abbildung 3.11 (b) durch die blauen Pfeile angedeutet ist. Der Fahrer wird dann wieder als klassische Störgröße im Regelkreis betrachtet und es ist akzeptabel, den Lerneffekt und das subjektive Empfinden des Fahrers zu ignorieren. Dies wird im nachfolgenden Abschnitt 3.3.3 weiter vertieft.

Der Raum der Kooperationstypen zeigt auf, welche Elemente für ein Mentorensystem wichtig sind und was diese für die Interaktion mit dem Fahrer bedeuten. Die Abstimmung in diesem Auslegungsraum kann für die verschiedenen Interaktionsmöglichkeiten mit dem Fahrer unterschiedlich sein. Für jede haptische Schnittstelle mit dem Fahrer (Lenkrad, Gas- und Bremspedal) aber auch für jede optisch akustische Schnittstelle (Einblendungen in einem Heads-Up-Display, Warntöne vor einer Bremszone) kann eine unterschiedliche Parametrierung notwendig sein. So wird im Forschungsprojekt „Volkswagen Golf R RaceTrainer" beispielsweise die aktive Querführung sowohl in der geplanten Bahn, als auch in ihrer Eingriffsdominanz an den Fahrer angepasst. Die eingeblendete Ideallinie wird jedoch nicht in ihrer angezeigten Route oder der Darstellungsform variiert. Dem Fahrer möchte man optisch immer die gleiche Referenzlinie anzeigen. Es kann aber sinnvoll sein, die Darstellung mit steigender Erfahrung zu reduzieren oder letztlich komplett auszuschalten, was zu einer geringen Eingriffsdominanz der optischen Anzeige äquivalent ist. Diese Details optisch-akustischer Möglichkeiten werden hier nicht weiter erörtert. Es ist mit dem hier gezeigten Konzept für Mentorensysteme aber demnach möglich, die Planungsadaption für die Querführung anders als die der Längsführung einzustellen. Möchte ein Fahrer seine eigene Linie auf der Rennstrecke beibehalten, kann die Querführung diese als Referenz übernehmen (beispielsweise durch Aufzeichnung einer manuell gefahrenen Runde) und den Fahrer auf seiner Linie mit Lenk-, Gaspedal und Bremseingriffen an das fahrdynamische Maximum des Fahrzeugs führen. Zusätzlich kann dadurch weiterhin die Sicherheit des Fahrertrainings gesteigert werden. Um diesen Sicherheitseffekt zu realisieren, wird das Konzept der „Eingriffsdominanzregelung" (EDR) vorgestellt, mit der sich letztlich ein sinnvoller Regelkreis des Mentorensystems ergibt.

### 3.3.3 Eingriffsdominanzregelung und Regelkreis des Mentorensystems

Das FAS muss in potentiell gefährlichen Situationen die Eingriffsdominanz erhöhen können. In [AMB12] und in [APPI10] wird die Fahrsituation kontinuierlich bewertet, um zu entscheiden, wann das System eingreift und auch, um die Stärke der Eingriffe an die Situation anzupassen. Ein ähnlicher Ansatz zur Anpassung der Assistenzstärke wird in dieser Arbeit unter dem Begriff „Eingriffsdominanzregelung" (EDR) vorgestellt. Die situative Gefährdung (Situationskritikalität) und die Eingriffsdominanz werden dafür als ein eigener Regelkreis betrachtet, wobei angenommen wird, dass die Situationskritikalität sinkt, wenn die Eingriffsdominanz erhöht wird. Abbildung 3.12 zeigt diesen Regelkreis. Die Situationskritikalität wird dadurch zur Regelgröße $y$, die beispielsweise unterhalb eines bestimmten Schwellwertes $y_S$ bleiben soll und die Eingriffsdominanz wird zur Stellgröße $u$ des neuen Gesamtsystems. Die Abbildung illustriert zudem, wie die bisherigen Anforderungen an das Mentorensystem mit diesem neuen Regelkreis vereinbar sind, da die anwendungsspezifische Basisunterstützung nach Abschnitt 3.3.2 wie eine Vorsteuerung vorgegeben werden kann.

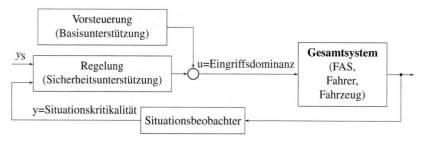

**Abbildung 3.12:** Erweiterter Regelkreis zur Eingriffsdominanzregelung

Die dafür eingeführte Situationskritikalität soll das Gefährdungspotential der aktuellen Fahrsituation quantifizieren. Dafür wird die Betrachtung eines Optionsbaumes eingeführt. In jeder Ausgangssituation gibt es unendlich viele zukünftige Trajektorien, denen das Fahrzeug folgen kann. Auf einen kurzen Zeithorizont und nur auf situationssichere Trajektorien begrenzt, schrumpfen die Möglichkeiten bereits erheblich und es entsteht eine Submenge geeigneter Fahrverläufe. In gefährlichen Fahrsituationen wird diese Teilmenge weiter reduziert, bis möglicherweise nur noch exakt eine Abfolge von Lenk-, Gas- und Bremseingaben existiert, um das Fahrzeug sicher zu navigieren. Einer Fahrfunktion der automatischen Fahrt stehen zudem nur die Fahrverläufe zur Verfügung, die von Trajektorienplanung und Regelung umgesetzt werden können. Alle situationssicheren, zukünftigen Fahrverläufe bilden einen Optionsbaum, der demnach kleiner wird, je herausfordernder die Fahrsituation ist. Eine mögliche Definition der Situationskritikalität kann anhand dieses Optionsbaums erfolgen. Die Situationsbewertungen aus den oben genannten Veröffentlichungen können auf einen Optionsbaum übertragen werden. In [AMB12] wird der Abstand zu den Rändern der Fahrspur als Indikator genutzt. Der theoretische Optionsbaum enthält dann nur wenige Trajektorien, die in Richtung des Randes führen. In [APPI10] berechnet das FAS kontinuierlich eine situationssichere Trajektorie und prüft modellbasiert, welche Reifenkräfte für diese notwendig sind. Überschreiten die erforderlichen Reifenkräfte einen vorher definierten Grenzwert, unterstützt das System aus [APPI10] den Fahrer durch Lenkeingriffe. Da die möglichen Reifenkräfte beschränkt sind, wird der Optionsbaum kleiner und besitzt dann nur noch Trajektorien die hohe oder sogar maximale Querkräfte erfordern. Für den Einsatz auf der Rennstrecke, wo das Fahrzeug absichtlich an die Haftgrenze der Reifen gebracht wird und die Ideallinie häufig sehr nah am Streckenrand vorbeiführt, ist eine isolierte Betrachtung von Abständen zum Rand oder Ausnutzung der Reifenkräfte nicht ausreichend. In Kapitel 4.1.4 wird ein geeignetes Konzept zur Berechnung der Situationskritikalität auf einer Rennstrecke eingeführt, welches die volle Dynamik- sowie Streckenbreitenausnutzung erlaubt und dafür einen Optionsbaum an fahrbaren Trajektorien berechnet.

Wird der Optionsbaum kleiner, steigt die Situationskritikalität, da das FAS weniger Möglichkeiten für die sichere Fahrzeugführung hat. Die Aufgabe der Regelung aus Abbildung 3.12 ist es nun, die Stellgröße $u$ (Eingriffsdominanz) so anzupassen, dass die Regelgröße $y$ (Situationskritikalität) nie ihr Maximum, also einen unvermeidbaren Unfall, erreicht. Als extremes Beispiel für einen entsprechenden Regelkreis kann man sich einen Notbremsassistenten vorstellen, der dann eingreift, wenn ein vorher definierter Grenzwert der Situationskritikalität erreicht ist – der Fahrer wird durch den Bremseingriff dann in der Längsführung entkoppelt. Die Eingriffsdominanzregelung kann bei einem Notbremsassistenten beispielsweise eine Zweipunktregelung [Ada09] sein. Der Fahrer befindet sich bis zur Erreichung des Grenzwertes in der manuellen Fahrt und wird anschließend schlagartig in der Längsdynamikregelung entkoppelt, bis die Gefahr wieder unter den Grenzwert reduziert wurde. Eine direkte Entkopplung des Fahrers durch einen Zweipunktregler ist nur selten die ideale Interaktion und es empfiehlt sich, die Eingriffsdominanz kontinuierlich zu steigern. Systeme variieren die Eingriffsdominanz bereits dadurch, dass ein optischer oder akustischer Hinweis vor einem aktiven Eingriff in die Fahrdynamik erfolgt.

Die Eingriffsdominanzregelung kann parallel zum Regelkreis des Fahrertrainings umgesetzt werden und dabei sogar eine komplett eigene Reglerkaskade nutzen, die nur in gefährlichen Situationen aktiv wird. Zuletzt soll jedoch gezeigt werden, wie alle hier beschriebenen Ziele und Anforderungen in einem einheitlichen Regelungsansatz umsetzbar sind. Abbildung 3.13 gibt einen Vorschlag für die Regelungsstruktur eines Mentorensystems, bei der die Bahnplanung und die Aktorikregelung durch Vorgaben für die Planungsadaption und Eingriffsdominanz erweitert werden und die Eingriffsdominanzregelung einen Vorsteuerungs- und einen Regelungsanteil aufweist. Das Kooperationsverhalten in unkritischen Situationen wird durch die Einstellungen des Mentorensystems vorgegeben. In kritischen Situationen ist die Eingriffsdominanz abhängig von der Situationskritikalität, die in dieser Arbeit durch die Bahnplanung bewertet wird.

Die Anpassungen der Bahnplanung und der Aktorikregelung sind die zentralen Erweiterungen am Regelkreis der vollautomatischen Fahrfunktion, die aus einem FAS ein Mentorensystem machen. Robustifizierungsmaßnahmen müssen, wie in Abschnitt 3.2.3 erläutert, einer besonderen Prüfung unterzogen werden. Integrierende Anteile in der Fahrdynamik- oder Aktorikregelung sollten ausgeschaltet oder mit einem Anti-Windup Filter versehen werden, der den unberechenbaren Einfluss vom Fahrer berücksichtigt. Zusätzliche Anpassungen der Fahrdynamikregelung wurden evaluiert, konnten letztlich aber entweder auf den Aspekt der Planungsadaption oder auf den Freiheitsgrad der Eingriffsdominanz übertragen werden. Es wurde eine Fahrdynamikregelung gewählt, die jederzeit die modellbasiert optimalen Quer- und Längskräfte für den vorgegebenen Sollverlauf ausgibt. In den nachfolgenden Kapiteln wird der Anwendungsfall eines Rennstreckentrainings behandelt, die hier dargestellten Herausforderungen und Lösungsansätze sind jedoch auf andere Lehrsituationen erweiterbar, auch außerhalb vom Automobilkontext.

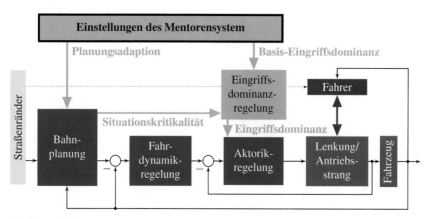

**Abbildung 3.13:** Regelungsstruktur für ein Mentorensystem

Allgemein ist für kooperative Systeme mit Mentorenrolle das gewünschte Kooperationsverhalten nicht nur durch Sollgrößen, sondern auch durch Annahmen und Nebenbedingungen definiert. Sie werden durch die Einbindung eines Menschen, abhängig von der Assistenzstruktur, in der Reglerperformance und Auswahl von Robustifizierungsmöglichkeiten deutlich eingeschränkt und müssen mit größeren Abweichungen vom Arbeitspunkt umgehen können. Annahmen über die beste Vermittlung von Lerninhalten können Abweichungen vom Arbeitspunkt sogar als erwünscht definieren, da nur so der Mensch eigene Erfahrungen sammeln kann. Damit dies möglich ist, muss das Mentorensystem seine Unterstützungsleistung dynamisch anpassen können. Wie gezeigt wurde, ist die Unterstützungsleistung nicht nur durch die Eingriffsdominanz bestimmt. Erst durch den neu eingeführten Freiheitsgrad der Planungsadaption ist es möglich, zwischen maximaler und minimaler Kooperation sinnvoll zu variieren. Dass der Entwurf von Mentorensystemen durch die getrennte Betrachtung von normalen und kritischen Situationen vereinfacht wird, zeigt Abschnitt 5.3.

# 4 Sollvorgaben für die kooperative Fahrt

Dieses Kapitel zeigt, wie man den Freiheitsgrad der Planungsadaption in die Berechnung von Quer- und Längsvorgaben integrieren kann. Die Sollvorgaben müssen zum gewünschten Kooperationsverhalten passen und gleichzeitig sinnvolle und physikalisch umsetzbare Trajektorien für die nachgelagerte Regelung liefern. Zuerst werden die lokalen Relativtrajektorien so angepasst, dass Rückführtrajektorien mit variierbarer Rückführlänge und -dynamik entstehen. Die nachgelagerte Restriktionsprüfung gewährleistet die Auswahl von fahrbaren Trajektorien und ermöglicht die Bewertung der Situationskritikalität. Durch Kombination der Querverläufe mit den Geschwindigkeitsprofilen aus Kapitel 2.2.4 eignen sich die Rückführtrajektorien auch für den Einsatz auf der Rennstrecke. Anschließend werden diese Geschwindigkeitsprofile an das Können des Fahrers angepasst, um eine optimale Trainingsprogression zu ermöglichen. Dafür wird ein grafischer Ansatz vorgestellt, der recheneffizient und leicht auszulegen ist. Dieser betrachtet nicht die fahrphysikalischen Eigenschaften von Reifen und Fahrzeug, sondern basiert auf Beschleunigungsmustern normaler Fahrer.

## 4.1 Lokale Rückführtrajektorien

In Abschnitt 2.2.2 wurde gezeigt, wie man kollisionsfreie und fahrdynamisch umsetzbare Referenzlinien für eine automatische Fahrfunktion vorgeben kann. Weicht das Fahrzeug jedoch durch Regelstörungen oder Lenkmanöver des Fahrers von der Linie ab, können Fahrbarkeit und Kollisionsfreiheit nicht mehr gewährleistet werden. Ausgehend von der aktuellen Position des Fahrzeugs muss dann geprüft werden, ob weiterhin ein akzeptabler Fahrverlauf existiert und eine Rückführung auf die Referenzlinie möglich ist. Es wird eine Trajektorienplanung für eine kooperative Fahrfunktion gesucht, die im Rahmen eines Rennstreckentrainings dem menschlichen Fahrer dabei hilft, die Ideallinie zu erlernen. Die vorgeschlagenen Trajektorien müssen sinnvolle Vorgaben bis in den Grenzbereich der Fahrdynamik liefern. Besonders wichtig ist dabei der Freiraum, der dem Fahrer beim Lernen gegeben wird. Die Planung verfügt zudem über umfangreiche Informationen über die Straßenränder, den Verlauf der Ideallinie und die verbleibende fahrdynamische Reserve und kann so eine Bewertung der aktuellen Fahrsituation an die nachgelagerte Regelung geben, um beispielsweise die Eingriffsintensität zu variieren.

Die nachfolgende Umsetzung der Planungsadaption in der Querdynamik wurde erstmals in [SHHK19] vorgestellt. Dieses Unterkapitel vertieft diese Betrachtung und erweitert die Diskussion um weitere wichtige Aspekte bei der Trajektorienauswahl.

### 4.1.1 Planungsadaption durch Variation der Rückführdistanz

Um die in Kapitel 3.3.1 eingeführte Planungsadaption zu implementieren, soll der Planungshorizont $s_e$ gezielt variiert werden, um die Distanz bis zur Rückführung auf die Referenz-

© Springer Fachmedien Wiesbaden GmbH, ein Teil von Springer Nature 2019
S. Schacher, *Das Mentorensystem Race Trainer*, AutoUni – Schriftenreihe 141,
https://doi.org/10.1007/978-3-658-28135-9_4

linie anzupassen. Als Systemwunsch wird eine möglichst schnelle Rückführung auf die Referenzlinie geplant, also eine kurze Rückführdistanz. Der Wunsch des Fahrers wird vereinfacht als möglichst späte Rückkehr angenommen und durch eine lange Rückführdistanz nachgebildet. Ein langer Planungshorizont gibt dem Fahrer in der Regel mehr Freiheit, da seine aktuelle Querabweichung über eine längere Distanz abgebaut wird. Durch diese Variation ist eine grundlegende Planungsadaption möglich, eine vollständige Abbildung der Fahrerziele ist aufgrund fehlender Kenntnis über die Fahrerabsichten jedoch nicht umsetzbar. Es wird zunächst erklärt, wie entsprechende Relativtrajektorien erzeugt werden, um im Anschluss deren Auswahl nach dem Prinzip der Planungsadaption zu zeigen.

Die Trajektoriengenerierung für eine kooperative Fahrfunktion soll in jedem Rechenschritt eine neue fahrbare Linie erzeugen, um auf Änderungen in der Fahrsituation direkt reagieren zu können. Die Planung beginnt dafür immer im Fahrzeugschwerpunkt in Richtung des Kurswinkels $\psi_K$. Die lokalen Relativtrajektorien mit beschränktem Horizont nach [WZKT10, RWM16] sind dafür gut geeignet. Mit ihnen lassen sich zudem viele Trajektorienkandidaten mit unterschiedlichen Längen streuen, worüber eine Planungsadaption und eine Situationsbewertung möglich ist. Sie müssen jedoch noch so angepasst werden, dass sie immer von der aktuellen Fahrzeugposition auf die Referenzlinie zurückführen. Für die folgenden Erklärungen wird davon ausgegangen, dass die Querverläufe immer mit einem Geschwindigkeitsprofil kombiniert werden und es wird nur noch von Trajektorien gesprochen. Die generierten lokalen Relativtrajektorien sind bezüglich der Ruckänderung $d''''(s)$ und einem gewichteten Endzustand optimal und als Polynome siebten Grades sprungfrei bis zur sechsten Ableitung von $d(s)$. Der noch nicht festgelegte Planungshorizont $s_e$ wird für die Erzeugung einer Trajektorienschar in einem anwendungsspezifischen Intervall $s_e \in [s_{e,min} \ldots s_{e,max}]$ variiert, wobei diskrete Werte für $s_e$ basierend auf der Anzahl an insgesamt zu erzeugenden Trajektorienkandidaten $N_{Traj}$ mittels

$$s_{e,i} = s_{e,min} + i \cdot \Delta s_e, \quad \text{mit} \quad \Delta s_e = \frac{s_{e,max} - s_{e,min}}{(N_{Traj} - 1)} \quad \text{und} \quad i = [0 \ldots (N_{Traj} - 1)] \quad (4.1)$$

vorgegeben werden. Der Endzustand wird durch $\vec{D}_{Ziel} = \vec{0}$ parallel zur Referenzlinie festgelegt und fließt über (2.33), (2.34) in das Optimierungskriterium ein. Da $d(s_e)$ ein freier Parameter des Optimierungsprogramms ist, ist eigentlich keine vollständige Rückführung garantiert. Durch die Wahl eines hohen $k_x$ Faktors können die lateralen Abweichungen jedoch so gering gehalten werden, dass sie unproblematisch für die Restriktionsprüfung sind, ohne die Vorteile eines freien Endzustands für den Ruckverlauf der Trajektorien zu verlieren. Analog zu [RWM16] wird die Abweichung am Endpunkt mit $k_x = 1000 \, [1/m]$ so hoch gewichtet, dass sie praktisch unabhängig von anderen Faktoren des Kostenfunktionals ist. Abbildung 4.1 zeigt als Beispiel eine Trajektorienschar für $\vec{D}_0 = [3,0,0,0]^T$ in einem Bereich von $s_e \in [20\,m \ldots 100\,m]$ mit $N_{Traj} = 11$. Die Auslegung der Polynomkoeffizienten erfolgt mit den Gleichungen (2.42) und (2.43). Die grau punktiert eingezeichnete Trajektorie hat eine Länge von 65 Metern.

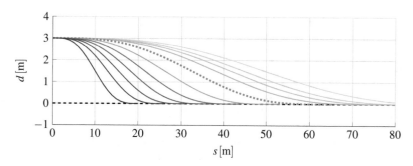

**Abbildung 4.1:** Trajektorienschar durch Streuung von $s_\mathrm{e}$, nach [WZKT10]

Die zuvor beispielhaft gewählte Anfangsbedingung $\vec{D}_0 = [d_0, d_0', d_0'', d_0''']^\mathsf{T}$ muss durch die in [WZKT10] beschriebene Umrechnung des aktuellen Fahrzustands in Frenet-Koordinaten

$$d_0 = d(s_0) \tag{4.2}$$

$$d_0' = (1 - \kappa_\mathrm{R} d) \tan \Delta\psi, \quad \text{mit} \quad \Delta\psi = \Delta\psi(s_0) = \psi_\mathrm{K} - \psi_\mathrm{R} \tag{4.3}$$

$$d_0'' = -(\kappa_\mathrm{R}' d + \kappa_\mathrm{R} d') \tan \Delta\psi + \frac{1 - \kappa_\mathrm{R} d}{\cos^2 \Delta\psi} \left( \kappa_\mathrm{V} \frac{1 - \kappa_\mathrm{R} d}{\cos \Delta\psi} - \kappa_\mathrm{R} \right), \quad \text{mit} \quad \kappa_\mathrm{V} = \frac{\dot\psi}{v_\mathrm{x}} \tag{4.4}$$

mit der Krümmung $\kappa_\mathrm{V}$ aus der aktuellen Bewegung des Fahrzeugs ermittelt werden. Für die Umrechnung sollte $\|\Delta\psi\|_2 \leq \frac{\pi}{2}$ sowie $(1 - \kappa_\mathrm{R} d) \geq 0$ gelten und $\kappa_\mathrm{R}'$ muss sprungfrei sein. Der noch fehlende Anfangszustand $d_0'''$ wird so vorgegeben, dass zwischen zwei Rechenschritten möglichst geringe Sprünge auftreten. Für diese dritte Ableitung wird der Wert der Trajektorie vom letzten Zeitschritt an der aktuellen Position $s_0$ gewählt.

### 4.1.2 Planungsadaption durch Variation der Rückführdistanz

Durch Anpassung der Rückführdistanz kann nach den oben getroffenen Annahmen zwischen den Zielen des Assistenzsystems (die Fahrt auf der Ideallinie) und den (unbekannten) Zielen des Fahrers variiert werden. Um Rechenzeit zu sparen, wird der Planungshorizont $s_\mathrm{e}$ zwar weiterhin fest vorgegeben, aber er wird nun zusätzlich im Kostenfunktional $J_\mathrm{Querplanung}$

$$J_\mathrm{Querplanung} = \int_{s_0}^{s_\mathrm{e}} \left( d''''(s) \right)^2 \mathrm{d}s + k_x \, d(s_\mathrm{e})^2 + k_s \, s_\mathrm{e} = J_\mathrm{Relativplanung} + k_s \, s_\mathrm{e} \tag{4.5}$$

über den Term $k_s$ bewertet. Der Planungshorizont wird zwar nicht Teil des Suchraums der Optimierung, aber die Länge der Trajektorien fließt so in deren Gesamtkosten ein. Bei der generierten Trajektorienschar kann so eine Auswahl basierend auf den Gesamtkosten getroffen werden. Je höher man den Faktor $k_s$ wählt, desto wahrscheinlicher wird die Wahl einer

kurzen Trajektorie, es bleibt aber weiterhin möglich, auf eine längere Trajektorie auszuweichen, wenn diese einen vorteilhaften Ruckänderungsverlauf aufweist.

Die Variation des Faktors $k_s$ hat einen nichtlinearen Einfluss auf die optimale Trajektorienlänge, eine einfache Einstellung der Planungsadaption wird durch den nichtlinearen Zusammenhang erschwert. Aus diesem Grund wird, analog zu [RWM16], ein neuer Faktor
$k_{dyn} \in [0 \ldots 1]$ eingeführt, der die Rückführdistanz und damit die Rückführdynamik linear
beeinflussen soll. Es wird eine Zuordnung $k_s = f(k_{dyn})$ so gewählt, dass bei einem Startwert von $\vec{D}_0 = [3,0,0,0]^T$ für $k_{dyn} = 0$ die längste Trajektorie mit 100 m und für $k_{dyn} = 1$
die kürzeste Trajektorie mit 20 m die günstigsten Kosten aufweist. Bei kleineren oder größeren Startabweichungen werden noch kürzere oder längere Trajektorien bis zu den Grenzen
des festgelegten Intervalls für $s_e$ ausgewählt. Abbildung 4.2 zeigt die so entstehende Abhängigkeit von $k_s$ und $s_e$ vom Dynamikfaktor $k_{dyn}$. Im linken Diagramm ist die Projektion
von $k_{dyn}$ auf $k_s$ gezeigt und der nichtlineare Einfluss der Gewichtung $k_s$ auf das Optimie-
rungsprogramm ist erkennbar. Rechts daneben ist zu sehen, dass die Trajektorienlänge $s_e$
wie gewünscht linear vom neuen Dynamikfaktor $k_{dyn}$ abhängig ist.

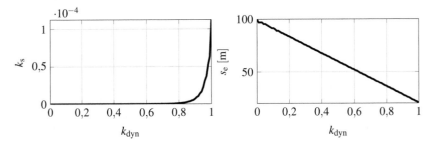

**Abbildung 4.2:** Zusammenhang zwischen $k_{dyn}$, $s_e$ und $k_s$

Einen Eindruck für den Einfluss der Trajektorienlänge auf den Fahrerfreiraum vermittelt
Abbildung 4.3. Dargestellt ist ein gerader Streckenabschnitt mit einer Startabweichung von
$d_0 = 3$ m und $d'_0 \neq d''_0 \neq 0$. Die mit den genannten Dynamikfaktoren $k_{dyn}$ erzeugten Trajektorien führen vom Fahrzeugschwerpunkt in unterschiedlicher Distanz zurück zur Referenzlinie und es ist leicht zu erkennen, dass die Trajektorie für $k_{dyn} = 1$ stärkere und frühzeitigere
Eingriffe der Fahrdynamikregelung erfordern würde – vorausgesetzt sie ist fahrdynamisch
umsetzbar.

Abbildung 4.4 zeigt eine vollständige Trajektorienschar auf dem Referenzstreckenabschnitt
aus Abbildung 2.13. Da die Relativkurven ohne Beschränkungen (Ränder, Fahrdynamik) geplant werden, liegen einige von diesen außerhalb der Straßenbegrenzung und andere haben
eine so kurze Rückführdistanz, dass das Reifenkraftpotential des Fahrzeugs nicht ausreichen würde. Natürlich kann nur eine Zieltrajektorie genutzt werden, die auch innerhalb der
Streckenränder liegt und die Grenzen der Fahrdynamik respektiert.

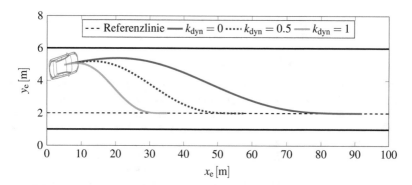

**Abbildung 4.3:** Unterschiedliche Trajektorienlängen

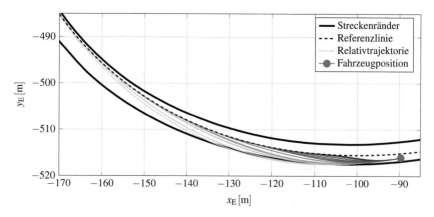

**Abbildung 4.4:** Trajektorienschar für eine Beispielsituation

### 4.1.3 Restriktionsprüfung zur Gewährleistung der Verkehrssicherheit

Abgesehen von den Anfangsbedingungen, wurde die aktuelle Fahrsituation bei der Trajektorienberechnung noch nicht berücksichtigt. Die Kandidaten der Trajektorienplanung müssen deswegen noch auf Fahrbarkeit geprüft werden. Die zuerst erfolgende Ränderprüfung betrachtet die Abweichung $d(s)$, die die Relativtrajektorien zur Referenzlinie aufweisen, und vergleicht diese mit den Abständen zwischen der Referenzlinie und den Streckenrändern. Das Fahrzeug wird hier als Punktmasse auf seinen Schwerpunkt reduziert. Wenn die Streckenränder ebenfalls in Relativkoordinaten vorliegen und auf den Fahrzeugschwerpunkt

eingemessen wurden wie nach Abbildung 2.14, können aufwendige Umrechnungen in ortsfeste Koordinaten vermieden werden und es reicht zu überprüfen, ob die Bedingung

$$d_{\text{links}}(s) \geq d(s) \geq d_{\text{rechts}}(s), \quad s \in [s_0 \ldots s_e] \tag{4.6}$$

erfüllt ist. Abbildung 4.5 zeigt diese Prüfung für eine Beispielsituation mit Übertretung des
rechten Rands. Links ist die Szene in ortsfesten Koordinaten dargestellt, wobei die Ränder
bereits auf den Fahrzeugschwerpunkt bezogen sind und nicht die reale Streckenbreite wiedergeben. Dies erkennt man an dem zu null gehenden Abstand zwischen linkem Rand und
Referenzlinie, die sich ebenfalls auf den Schwerpunkt bezieht. Rechts ist die Prüfung in
Frenet-Koordinaten gezeigt, die mit $k_{\text{dyn}} = 0$ erzeugte Trajektorie verletzt Bedingung (4.6)
und liegt offensichtlich außerhalb der Ränder. Aber auch die mit $k_{\text{dyn}} = 0.5$ erzeugte Trajektorie ist nah am Rand. Ist das Fahrzeug nicht parallel zum Rand, stehen die Vorder- oder
Hinterräder weiter hervor als der Schwerpunkt, was von Gleichung (4.6) nicht erkannt wird.
Deswegen empfiehlt sich eine Prüfung mit der echten Fahrzeugbreite, wie sie in [Erl15] zu
finden ist.

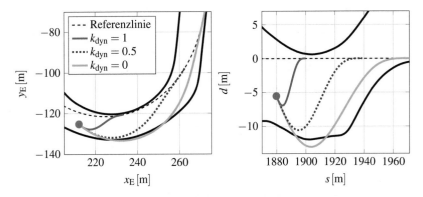

**Abbildung 4.5:** Visualisierung in Lokal- und Relativkoordinaten

Besteht eine Trajektorie die Ränderprüfung, muss sie noch den fahrdynamischen Begrenzungen genügen. Wie in Abschnitt 2.2.3 angesprochen kann hierfür wieder der Kamm'sche
Kreis aus Abschnitt 2.2.1 als Annäherung an diese Obergrenze genutzt werden. Anders als
in [Wer10, RWM16] wird hier nicht nur punktuell entlang der Trajektorie geprüft, sondern
es wird das dynamische Längsbeschleunigungsverhalten des Fahrzeugs mit einbezogen, in
dem für jede zu prüfende Trajektorie ein neues Geschwindigkeitsprofil $\hat{v}_{x,k_{\text{dyn}}}(s)$ ermittelt
wird. Dieses gibt für jeden Streckenmeter $s$ an, welche Geschwindigkeit das Fahrzeug maximal haben darf. Ist das Fahrzeug zum Planungszeitpunkt schneller, als es das Geschwindigkeitsprofil $\hat{v}_x$ erlauben würde, ist der Trajektorienkandidat mit den Beschränkungen der
Fahrdynamik nicht vereinbar und nicht fahrbar. Es muss die Ungleichung

$$v_x = v_x(t_0) \leq \hat{v}_{x,k_{\text{dyn}}}(s_0) \tag{4.7}$$

gelten. Zur Berechnung des neuen Geschwindigkeitsprofils wird das in Abschnitt 2.2.4 vorgestellte Verfahren eingesetzt. Der für die Berechnung benötigte Krümmungsverlauf entlang des Trajektorienkandidaten ist nach [Wer10] über

$$\kappa(s) = [d''(s) + (\kappa_R'd(s) + \kappa_R d'(s)\tan\Delta\psi(s))] \frac{\cos^3\Delta\psi(s)}{(1 - \kappa_R(s)d(s))^2}$$

$$+ \kappa_R(s)\frac{\cos\Delta\psi(s)}{1 - \kappa_R(s)d(s)}, \quad \text{mit} \quad \Delta\psi(s) = \arctan\left(\frac{d'(s)}{1 - \kappa_R(s)d(s)}\right) \qquad (4.8)$$

gegeben. Die Berechnung der Geschwindigkeit kann effizient erfolgen, wenn man sie nicht für den gesamten Streckenverlauf, sondern nur für den Planungshorizont $s \in [s_0 \ldots s_e]$ durchführt. Dafür wird angenommen, dass am Ende der Relativtrajektorie die Referenzgeschwindigkeit

$$\hat{v}_{x,k_{dyn}}(s_e) = v_{x,ref}(s_e) \qquad (4.9)$$

auf der Referenzlinie erreicht sein muss, da für diese Geschwindigkeit die Fahrbarkeit auch für nachfolgende Kurvenverläufe garantiert werden kann.

Abbildung 4.6 zeigt die Geschwindigkeitsprofile für die drei Trajektorien aus Abbildung 4.5, die mit unterschiedlichen $k_{dyn}$ Werten erzeugt wurden. Nach der Rückführung weisen diese die gleiche Geschwindigkeit wie das schwarz gestrichelt eingezeichnete Referenzprofil $v_{x,ref}(s)$ auf. Der graue Punkt kennzeichnet die Position und aktuelle Geschwindigkeit des eigenen Fahrzeugs. Fordert eine Trajektorie an diesem Punkt eine geringere Geschwindigkeit, ist diese nicht fahrbar: Das Fahrzeug könnte nicht mehr ausreichend verzögert werden. Demnach ist $\hat{v}_{x,k_{dyn}=1}$ nicht nutzbar und der Kandidat $\hat{v}_{x,k_{dyn}=0.5}$ erfüllt die Anforderung, jedoch ohne Geschwindigkeitsreserve. Längere Trajektorien wie $\hat{v}_{x,k_{dyn}=0}$ haben noch eine fahrdynamische Reserve, die Trajektorie mit $k_{dyn} = 0$ liegt jedoch bereits außerhalb der Streckenränder. Der Kandidat $\hat{v}_{x,k_{dyn}=0.5}$ ist demnach gerade noch fahrbar und es bleiben dem System nur wenige längere Trajektorien, um den Kurs des Fahrzeugs zu korrigieren. Das Wissen über die Anzahl fahrbarer Trajektorien fällt als Nebenprodukt der Restriktionsprüfung ab und liefert wichtige Informationen, da darüber abgeschätzt werden kann, wie kritisch die aktuelle Fahrsituation ist.

### 4.1.4 Trajektorienauswahl und Bewertung der Situationskritikalität

Im letzten Schritt der Trajektoriengenerierung für die kooperative Fahrt muss eine Trajektorie ausgewählt werden. Im Normalfall wird der Kandidat mit den geringsten Kosten $J_{Querplanung}$ nach Gleichung (4.5) ausgewählt und auf Fahrbarkeit geprüft. Ist das Ergebnis der Restriktionsprüfung in Ordnung, wird die Trajektorie an die nachgelagerte Regelungsaufgabe weitergegeben und die Planungsaufgabe ist abgeschlossen. Andernfalls wird die Trajektorie mit den nächst größeren Kosten untersucht. Grundsätzlich könnte man durch Variationen der Anfangsbedingung $d_0'''$ und dem Endpunkt $s_e$ beliebig viele Kandidaten erzeugen, was sich jedoch für den Einsatz auf einer Echtzeitplattform verbietet. Deswegen wird eine durch $N_{Traj}$ festgelegte Anzahl an Verläufen erzeugt und es wird jeder einzelne

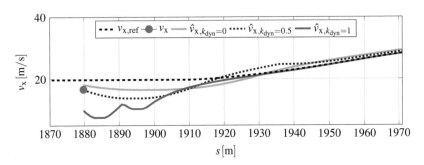

**Abbildung 4.6:** Prüfung der fahrdynamischen Randbedingung

Kandidat einer Restriktionsprüfung unterzogen. Die Auslegung von $N_{\text{Traj}}$ ist an die verfügbaren Ressourcen auf der Zielplattform anzupassen. Nach der Restriktionsprüfung entsteht eine Untermenge mit $N_{\text{Traj,Fahrbar}}$ fahrbaren Verläufen, von denen anschließend wieder die Trajektorie mit dem geringsten Wert $J_{\text{Querplanung}}$ und der dazugehörigen Polynomlänge $s_{\text{e,opt}}$ ausgewählt wird.

Es kann nicht ausgeschlossen werden, dass es auch bei unbegrenzten Rechenressourcen zu Fahrsituationen kommen kann, in denen keine fahrbare Lösung mit dem oben beschriebenen Algorithmus gefunden wird, oder vielleicht sogar keine Lösung existiert. Insbesondere für kooperative Assistenzfunktionen mit paralleler Assistenzstruktur nach Abbildung 3.3 (??) kann der Fahrer unberechenbar auf die Fahrzeugführung wirken und vom fahrbaren Kurs abweichen. Aber auch bei serieller Anordnung sind solche Grenzsituationen möglich, wenn durch Regelstörungen oder verminderten Straßenreibwert $\mu$ eine zu große laterale oder longitudinale Abweichung entsteht. In diesen Situationen muss der Algorithmus jedoch trotzdem eine Trajektorie an den unterlagerten Regelkreis ausgeben. Welche suboptimale Trajektorie hierfür gewählt wird, hängt auch von der Assistenzstruktur ab. Kann der Fahrer entkoppelt werden, empfiehlt es sich die letzte fahrbare Trajektorie festzuhalten und darauf zu vertrauen, dass der unterlagerte Regler die Abweichungen zu dieser minimiert. Dabei kann es zu Sprüngen in den Sollgrößen kommen, sobald wieder eine fahrbare Trajektorie ausgehend vom Schwerpunkt gefunden wurde und damit die Regelabweichungen bei $s_0$ wieder zurückgesetzt werden. Da der Fahrer bei kooperativen Fahrfunktionen direkt in Lenkung- und Bremsaktorik involviert ist, sind Sprünge in den Sollgrößen in der Regel direkt vom Fahrer spürbar. In der hier umgesetzten Implementierung wird in diesen Situationen deswegen ein Polynom mit der Länge der letzten fahrbaren Trajektorie $s_{\text{e,opt}} = s_{\text{e,optPrevious}}$ berechnet, bis das Fahrzeug wieder innerhalb der Strecken- oder Dynamikbegrenzungen liegt. Dies ist nur akzeptabel, wenn genügend Auslaufzonen verfügbar sind.

Im Mentorensystem wird dem Fahrer absichtlich ein großer Einfluss gewährt. Dadurch sind potentiell gefährliche Situationen zu antizipieren, in denen das FAS den Fahrer überstimmen sollte. Zur Erkennung dieser Gefährdung wird die Situationskritikalität aus Abschnitt 3.3.3 anhand des Verhältnisses von fahrbaren zu insgesamt betrachteten Trajektorien

$$S_{\text{Krit}} = 1 - \frac{N_{\text{Traj,Fahrbar}}}{N_{\text{Traj}}} \qquad (4.10)$$

berechnet. Bei $S_{\text{Krit}} = 0$ überstehen alle Trajektorienkandidaten die Restriktionsprüfung. Bei $S_{\text{Krit}} = 1$ existiert keine Trajektorie, für die vom Bahnplaner Sicherheit gewährleistet werden kann. Dies bedeutet nicht, dass kein sicherer Fahrverlauf mehr existiert, sondern, dass der Algorithmus in seinen Limitationen keinen mehr findet. In Abbildung 4.7 wurde das Ergebnis der Fahrbarkeitsbewertung farbig illustriert und zeigt einen Ausschnitt aus Abbildung 4.4. Im oberen Diagramm sind die Referenzlinie und mehrere Rückführtrajektorien gezeichnet, von denen die hellgrünen Linien außerhalb der Streckenränder liegen. Die rot gepunktet eingezeichneten Linien liegen innerhalb der Straßenbegrenzung und erfüllen die fahrdynamischen Bedingungen bei $a_{\text{max}} = 1g$. Die dunkelblauen verletzen diese Bedingung und sind deswegen ebenfalls nicht fahrbar. In dieser Situation besteht eine Kritikalität von $S_{\text{Krit}} = 1 - \frac{3}{12} = 0.75$, da der Fahrfunktion nur noch drei fahrbare Trajektorien zur Verfügung stehen.

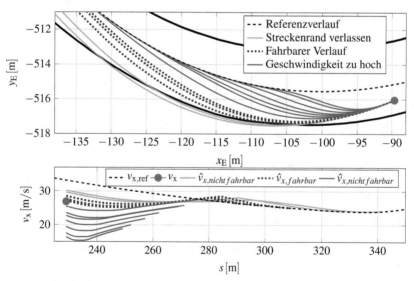

**Abbildung 4.7:** Fahrbarkeitsprüfung mehrerer Trajektorien

## 4.2 Fahrerspezifische Geschwindigkeitsprofile

Die Sollvorgabe des Geschwindigkeitsprofils ist entscheidend für das Fahrerlebnis, da es in direktem Zusammenhang mit den vom Fahrer spürbaren Quer- und Längsbeschleunigungen steht. Je höher die Fahrgeschwindigkeit dieses Profils ist, desto geringer wird jedoch auch der Sicherheitsabstand zur Grenze der Fahrdynamik. In diesem Abschnitt wird ein Verfahren eingeführt, mit denen die Geschwindigkeiten und Beschleunigungen an das Fahrerkönnen und Trainingserlebnis angepasst werden. Individualisierbare Grenzen im „g-g"-Diagramm beschränken dafür die Beschleunigung entlang der Referenzlinie, was sich reduzierend auf die Referenzgeschwindigkeit auswirkt. Durch eine geeignete Reduzierung der Sollgeschwindigkeit können gleichzeitig Sicherheitsniveau und Lernergebnis des Mentorensystems gesteigert werden, da ein unerfahrener Fahrer an Fahrtechniken eines Rennfahrers herangeführt wird. Nach einer Einführung der Auslegungsphilosophie wird ein flexibler Algorithmus vorgestellt und zuletzt wird diskutiert, warum nicht nur eine Anpassung an Fahrer- und Systemziele, sondern auch an die Gegebenheiten der Strecke notwendig ist.

Die in diesem Abschnitt gezeigte Idee und der Algorithmus zur Erzeugung von Referenzgeschwindigkeiten, die auf „g-g"-Muster basieren, wurde in [SHK18] veröffentlicht und wird hier um die Diskussion der Planungsadaption erweitert. Im dort noch nicht erwähnten Patent [TMN11] wurde die Idee der Geschwindigkeitsanpassung durch Modifikation der „g-g"-Grenzen erstmalig vorgestellt. Neben der Patentanmeldung sind leider keine weiteren Veröffentlichungen dazu zu finden. Es wird keine Implementierung zur Erzeugung der „g-g"-Grenzen aufgezeigt und die dargestellten Grenzen illustrieren andere Anpassungsziele als die hier eingeführten. Außerdem zeigt [SHK18] ein effizientes Verfahren für die Begrenzung des Längsrucks.

### 4.2.1 Planungsadaption durch Nachbildung von Beschleunigungsmustern

In Abschnitt 2.2.4 wurde gezeigt, wie die physikalischen Grenzen der Fahrdynamik bei der Berechnung der Referenzgeschwindigkeit berücksichtigt werden. Solange diese Maximalgeschwindigkeit nicht übertreten wird, kann das Fahrzeug auf der Referenz- oder Ideallinie geführt werden. Bei einem Fahrertraining durch das Mentorensystem ist es jedoch sicherer, die Referenzgeschwindigkeit zu reduzieren, um ungeübte Fahrer nicht zu überfordern. Grundsätzlich ist die Erzeugung von langsameren Geschwindigkeitsprofilen durch eine Skalierung der Referenzgeschwindigkeit möglich. Durch die Skalierung von $a_{max}$ in Gleichung (2.28) wird der begrenzende Kamm'sche Kreis verkleinert. Umfassende Fahrversuche des Autors haben gezeigt, dass die resultierenden Geschwindigkeitsprofile jedoch aus subjektiver Sicht der Probanden nicht zu harmonischen Verläufen führen. Diese reagieren sensibel auf eine verringerte Querbeschleunigung $a_y$ und vermerken eine gleiche Reduktion der Längsbeschleunigung $a_x$ deutlich weniger.

Analog zur Querdynamik soll die Sollvorgabe der Längsdynamikregelung deswegen so an den Wunsch des Fahrers angepasst werden, dass eine Planungsadaption zwischen dem Ziel des Mentorensystems (maximale Geschwindigkeit) und dem Wunsch des Fahrers (zunächst unbekannt) möglich ist. Dadurch sollen die Akzeptanz gegenüber der aktiven Unterstützung und das Vertrauen in das Mentorensystem gesteigert werden und der Schüler soll über eine sinnvolle Progression an die maximal fahrbare Geschwindigkeit herangeführt werden.

Hinweise für den Fahrerwunsch liefert die in Abschnitt 3.1.2 vorgestellte Beschleunigungs-ausnutzung eines untrainierten Autofahrers im „g-g"-Diagramm, die keine lineare Skalie-rung des Kamm'schen Kreises aufweist. Stattdessen sind die maximalen Beschleunigungen in Querrichtung größer als die in Längsrichtung, die Kombination beider Kraftrichtungen (Trail Braking) folgt nicht einem konvexen Kreis, sondern ist konkav geformt und zuletzt zeigen sich Unterschiede zwischen Beschleunigen und Bremsen.

Im Folgenden wird ein Verfahren eingeführt, um Beschleunigungsverläufe zu entwerfen, die nicht an lineare Skalierungen des Kamm'schen Kreises gebunden sind. Die erzeugten Ge-schwindigkeitsprofile halten aber weiterhin feste Grenzen im „g-g"-Diagramm ein. Dadurch lassen sich unterschiedliche Fahrerlebnisse synthetisieren und auf den Erfahrungsgrad des Fahrers anpassen, ohne die fahrdynamischen Grenzen zu überschreiten. Abbildung 4.8 zeigt rot gepunktet zwei beispielhafte Begrenzungsmuster im „g-g"-Diagramm. Der schwarz ge-strichelte äußere Kreis zeigt das fahrphysikalische Maximum des Versuchsträgers. Der in-nere durchgezogene hellgrüne Kreis zeigt einen linear skalierten Kamm'schen Kreis, wie oben erwähnt. Der Algorithmus aus Abschnitt 2.2.4 wird so angepasst, dass die Fahrzeug-beschleunigungen immer innerhalb der rot gepunkteten Muster liegen.

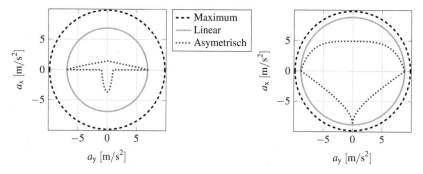

**Abbildung 4.8:** Verschiedene Begrenzungen im „g-g"-Diagramm

Die zwei Diagramme zeigen die zuvor beschriebene Asymmetrie zwischen Quer- und Längs-beschleunigung, sowie unterschiedliche Verläufe kombinierter Beschleunigungen. Zusätz-lich verhalten sich Beschleunigungsvorgänge mit $a_x > 0$ anders als Bremsmanöver mit $a_x < 0$. Die getrennte Abstimmung dieser beiden Vorgänge wird durchgeführt, da nach Ab-schnitt 3.1.2 der Normalfahrer im Straßenverkehr unterschiedliche Muster zwischen Verzö-gern und Beschleunigen zeigt. Aus den gezeigten Verläufen im „g-g"-Diagramm kann man direkt auf die Eigenschaften der resultierenden Referenzgeschwindigkeit schließen. Dies wird anhand des linken „g-g"-Diagramms in Abbildung 4.8 erläutert. Bereits ab einer ge-ringen Querbeschleunigung $a_y$ wird vom rot gepunkteten Profil keine Verzögerung $a_x$ mehr erlaubt, da das Muster entlang der $a_y$ Achse verläuft. Die minimale Kurvengeschwindig-keit muss also bereits erreicht sein, bevor die Kurvenkrümmung oder Querbeschleunigung ihr Maximum angenommen hat. Es wird also kaum in die Kurve gebremst. Das zweite Beschleunigungsmuster in Abbildung 4.8 liegt näher am Kamm'schen Kreis. Es kann als schnelleres und anspruchsvolleres Beschleunigungsmuster genutzt werden. Bei diesem wird bis zum Erreichen der vollen Querbeschleunigung gebremst – jedoch mit eingeschränkter Verzögerung.

Neben der Beeinflussung des „g-g"-Diagramms hat der erarbeitete Algorithmus noch weitere Freiheitsgrade. Diese sind die Beschränkung der Höchstgeschwindigkeit, eine Einteilung der Referenzstrecke in unterschiedlich parametrierbare Segmente und die Anpassung des maximalen Längsrucks, die zusätzlich vorgestellt werden.

### 4.2.2 Individuelle Grenzen im „g-g"-Diagramm

Durch mehrere Modifikationen am Berechnungsalgorithmus aus Abschnitt 2.2.4 können die fahrerindividuellen Beschleunigungsgrenzen im „g-g"-Diagramm umgesetzt werden. Es werden dafür neue Grenzen im „g-g"-Diagramm generiert, die sich vom vorher genutzten Kamm'schen Kreis lösen. Der Algorithmus aus Kapitel 2.2.4 wird für die neuen Beschleunigungsgrenzen an mehreren Stellen erweitert. Durch Modifikation der Referenzgeschwindigkeit können Längs- und Querbeschleunigungen gleichzeitig angepasst werden. Hier werden nur abgeänderte Gleichungen und zusätzlich eingeführte Parameter vorgestellt.

Nach Gleichung (2.46), ist die Querbeschleunigung $a_y = v_x^2 \cdot \kappa$ direkt von der gefahrenen Geschwindigkeit abhängig. Eine Modifikation von Gleichung (2.47) ermöglicht die Einschränkung der Querbeschleunigung am Scheitelpunkt, indem die maximale Kurvengeschwindigkeit

$$v_{x,max}^*(s) = \sqrt{\frac{m_y \cdot a_{max}}{|\kappa_R(s)|}} \qquad (4.11)$$

durch den Modifikationsfaktor $m_y \in [0,\ 1]$ künstlich reduziert wird. Um die maximale Längsbeschleunigung einzuschränken, wird später ein ähnlicher Faktor $m_x$ eingeführt. Der wichtigste Aspekt der Modifikationen verändert die Kombination aus Quer- und Längsbeschleunigung. Um konkave Übergänge zwischen den Beschleunigungsmaxima zu erzeugen, wird bei der Vorwärts- und Rückwärtsintegration die Berechnung des umsetzbaren $a_x(s_i)$ angepasst. Die gewünschte Anpassung kann über verschiedene Methoden erreicht werden. So können die Grenzen auf die Längsbeschleunigung mithilfe einer Look-Up Tabelle umgesetzt werden. Hier wird eine effiziente und einfach zu parametrierende Funktion in den bestehenden Algorithmus eingeführt, welche die Querbeschleunigung modifiziert. Dem Algorithmus wird eine künstlich erhöhte Querbeschleunigung $\tilde{a}_y$ suggeriert, wodurch sich das für Längsbeschleunigung verfügbare Potential reduziert. Dafür wird die nichtlineare Funktion $f_{mod}(x) = \{x \in [-1,\ 1] : f(x) \in [-\infty,\ \infty]\}$ mit

$$f_{mod}(x) = x \cdot \left( \frac{1}{|x|^{m_{xy1}} + \text{eps}} + m_{xy2} \right) \qquad (4.12)$$

und den Modifikationsparametern $m_{xy1}$, $m_{xy2} \in [-\infty,\ \infty]$ definiert. Im Nenner wird durch die Addition mit dem Zahlenwert der Maschinengenauigkeit eps verhindert, dass eine Division durch 0 erfolgt. Diese Funktion wurde gewählt, da über zwei Parameter die „g-g"-Profile den Anforderungen nach beeinflusst werden können. Bei Bedarf kann $f_{mod}$ durch einfachere oder auch umfangreichere Funktionen ersetzt werden. Das nach Gleichung (2.52) berechnete $a_y(s_i)$ wird nun zuerst mit $a_{max}$ normiert und anschließend durch

$$a_{y,mod}(s_i) = a_{max} \cdot f_{mod} \left( \frac{a_y(s_i)}{a_{max}} \right) \tag{4.13}$$

$$\tilde{a}_y(s_i) = \min \left( a_{max}, \max \left( -a_{max}, a_{y,mod}(s_i) \right) \right) \tag{4.14}$$

verändert. $\tilde{a}_y(s_i)$ wird auf $\pm a_{max}$ beschränkt, da $y = f_{mod}(x)$ nicht begrenzt ist. Zur Beeinflussung der Längsbeschleunigung unabhängig von der Querbeschleunigung wird der Modifikationsfaktor $m_x \in [0, 1]$ eingeführt. Mit dem modifizierten $\tilde{a}_y(s_i)$ kann nun der Beschleunigungskandidat

$$a_x^*(s_i) = g(\tilde{a}_y) = \pm m_x \cdot \sqrt{a_{max}^2 - \tilde{a}_y^2(s_i)} \tag{4.15}$$

in den Gleichung (2.53) und (2.57) angepasst werden. Der modifizierte Wert von $\tilde{a}_y(s_i)$ bleibt eine reine Rechengröße. Als letzte Modifikation wird der Längsruck mit einem reduzierten $\dot{a}_{x,lim} \leq \dot{a}_{x,max}$ begrenzt. Das dafür erarbeitete Verfahren ist ebenfalls bereits in [SHK18] veröffentlicht worden und im Anhang A.1 angefügt. Durch einen reduzierten Längsruck wird dem Fahrer mehr Zeit für den Wechsel von Gas- zu Bremspedal gegeben.

Den Effekt auf die Längsbeschleunigung veranschaulicht die Abbildung 4.9 für die mit

$$
\begin{aligned}
&\text{Par0}: \quad m_x = 1, \quad m_y = 1, \quad m_{xy1} = 0, \quad m_{xy2} = 0; \\
&\text{Par1}: \quad m_x = 1, \quad m_y = 1, \quad m_{xy1} = \mathbf{0.8}, \quad m_{xy2} = 0; \\
&\text{Par2}: \quad m_x = 1, \quad m_y = 1, \quad m_{xy1} = 0, \quad m_{xy2} = \mathbf{0.8};
\end{aligned} \tag{4.16}
$$

unterschiedlichen Parametrierungen. In beiden Diagrammen ist der unmodifizierte Originalverlauf Par0 schwarz gestrichelt eingezeichnet, die hellgrüne durchgezogene Linie entspricht einer Modifikation mit Par1, der rot punktierte Verlauf wurde durch Par2 erzeugt. Im linken Diagramm sieht man den Effekt der Parametrierung auf die Funktion $f_{mod}$. Der durchgezogene hellgrüne Verlauf $f_{mod}$ für den ersten Parametersatz Par1 zeigt einen degressiven Anstieg aus der Mitte. Im rechten Diagramm zeigt sich der Effekt auf $a_x$ im „g-g"-Diagramm. Der resultierende Verlauf für $a_x$ ist sehr spitz und weist eine deutliche „Konkavität" auf. Über den Parameter $m_{xy1}$ kann die Krümmung also zwischen „konkav", „linear" und „konvex" eingestellt werden. Wird für $m_{xy1}$ ein negativer Wert gewählt, kann die „Konvexität" gesteigert werden. Das rot punktiert eingezeichnete $f_{mod}$ für Par2 nimmt frühzeitig den Wert $\pm 1$ an. Rechts ist zu sehen, dass dem Algorithmus dadurch keine Längsbeschleunigung mehr erlaubt wird. Über den Parameter $m_{xy2}$ können Fahrprofile erzeugt werden, die schon vor dem Erreichen der maximalen Kurvenkrümmung die finale Kurvengeschwindigkeit erreicht haben müssen. Die maximale Querbeschleunigung ist nicht verändert: Die gepunktete Linie ist bis zum Kamm'schen Kreis verbunden und erlaubt höhere Querbeschleunigungen als $a_y = \pm 6m/s$, es darf nur nicht mehr gebremst oder beschleunigt werden.

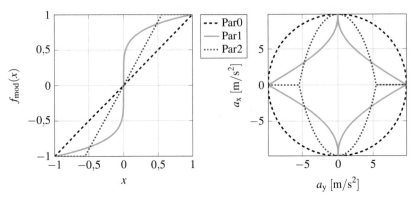

**Abbildung 4.9:** Beeinflussung der zugelassenen Längsbeschleunigung

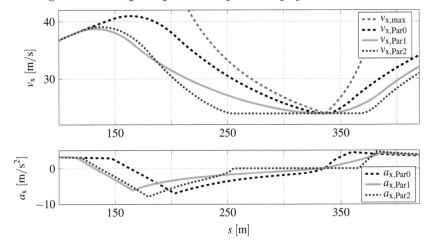

**Abbildung 4.10:** Aus den Parametrierungen generierte Profile mit gleichgesetztem Startwert

Der Effekt dieser Modifikationen auf das Geschwindigkeitsprofil ist in Abbildung 4.10 zu sehen. Die Berechnung wurde auf dem Streckenstück aus Abbildung 2.13 durchgeführt. Die Geschwindigkeitsprofile wurden hier im Längsruck mit $\dot{a}_{x,max} = 7 \text{ m/s}^3$ begrenzt, der Wechsel von Beschleunigung zu Verzögerung erfolgt dadurch nicht mehr sprunghaft. Der Parametersatz Par0 erzeugt ein unmodifiziertes Geschwindigkeitsprofil und veranschaulicht die maximal fahrbare Geschwindigkeit, wie sie für die automatische Fahrt im Grenzbereich genutzt werden kann. Hier ist die maximale Leistung des Fahrzeugs bereits berücksichtigt, sodass der Kamm'sche Kreis für positive Beschleunigungen nicht vollständig ausgenutzt wird. Das Profil $v_{x,Par2}$ lässt zwar eine größere Verzögerung zu, wodurch später gebremst werden kann, dafür muss aber die minimale Kurvengeschwindigkeit bereits bei $s \approx 175$ m erreicht werden. Die Parametrierung von Profil $v_{x,Par1}$ bewirkt hingegen, dass bereits ab Beginn der Kurvenkrümmung nicht mehr maximal verzögert werden darf, wodurch der Bremspunkt nach vorne rückt. Dafür wird bis zum Scheitelpunkt der Kurve verzögert.

### 4.2.3 Weitere Eigenschaften und subjektive Abstimmung

Es wurde darauf verzichtet, Einflüsse durch die Straßengeometrie und die Gewichtsverlagerung zu berücksichtigen. Diese haben einen deutlichen Effekt auf die berechnete Geschwindigkeit, sind aber unabhängig von den „g-g"-Mustern zu betrachten. An dieser Stelle wird deswegen auf [Kri12] verwiesen, wo diese Einflüsse modelliert wurden. Um aber, wie gewünscht, Bremsmanöver unabhängig von Beschleunigungsmanövern zu formen, können die Parameter richtungsabhängig eingesetzt werden. Für die Vorwärtsintegration nutzt man den Parametersatz $m_{x,VI}$, $m_{xy1,VI}$ und $m_{xy2,VI}$, für die Rückwärtsintegration die Parameter $m_{x,RI}$, $m_{xy1,RI}$ und $m_{xy2,RI}$. Der Modifikationsparameter auf die absolute Querbeschleunigung $m_y$ gilt für beide Richtungen. Die Gleichungen der Rückwärtsintegration müssen mit diesen Parametern analog erweitert werden. Das subjektive Empfinden des Fahrers von objektiv gleichen Geschwindigkeiten kann zudem von Kurve zu Kurve unterschiedlich sein. Zwei Kurven können den gleichen Krümmungsverlauf aber einen unterschiedlichen Risikofaktor aufweisen, wenn beispielsweise die Auslaufzonen oder allgemeine Streckenbreiten deutlich geringer sind. Auf eine Modellierung dieser Einflüsse wurde aufgrund mangelnder Quantifizierungsmöglichkeiten verzichtet. Um dies trotzdem berücksichtigen zu können, wird die Referenzstrecke in unterschiedlich parametrierbare Segmente aufgeteilt. Die Modifikationsfaktoren können dafür entlang der Referenzlinie unterschiedlich abgestimmt werden und es entsteht mit

$$\text{Par} = \begin{cases} m_y(s), \; m_{x,VI}(s), m_{xy1,VI}(s), \; m_{xy2,VI}(s), \\ m_{x,RI}(s), \; m_{xy1,RI}(s), m_{xy2,RI}(s), \dot{a}_{x,max}(s) \end{cases}, \quad s \in [0, s_{max}] \quad (4.17)$$

der zur Berechnung verwendete Parametersatz. Dieser wird auf die Referenzstrecke angepasst, um ein subjektiv gleichbleibendes Erlebnis zu erhalten.

Für das subjektive Empfinden des Fahrers ist eine Asymmetrie im „g-g"-Diagramm, wie sie auch von Normalfahrern im Straßenverkehr aus Abschnitt 3.1.2 gezeigt wird, besser, weil insbesondere das Bremsen in die Kurve weniger extrem ausfällt. So kann sich der Fahrer zuerst an das Maximum der Querdynamik herantasten, bevor er das, in Abschnitt 2.2.1 als herausfordernde Technik erläuterte, Bremsen in die Kurve erlernen muss. Abbildung 4.11 zeigt ein mögliches „g-g"-Muster und die zugehörig berechnete Fahrgeschwindigkeit im Vergleich zu einem linear skalierten Geschwindigkeitsprofil. Zur besseren Vergleichbarkeit sind beide Profile auf das gleiche positive Beschleunigungsvermögen reduziert, sodass die Kurveneingangsgeschwindigkeit identisch ist. Das rot gepunktete „g-g"-Muster $a_x^* = g(\tilde{a}_{y,\text{Asym.}})$ in Abbildung 4.11 (a) wurde für Trainingsfahrten auf der Rennstrecke eingesetzt und reduziert die Ausnutzung der kombinierten Reifenkräfte bei Verzögerungsvorgängen im Vergleich zu $a_x^* = g(\tilde{a}_{y,\text{Lin.}})$. Dadurch muss das Bremsmanöver deutlich früher begonnen werden und die minimale Kurvengeschwindigkeit ist bereits vor dem Scheitelpunkt erreicht – die (nach Auffassung des Autors) für das subjektive Empfinden des Fahrers prägende Geschwindigkeit an diesem Punkt ist jedoch identisch.

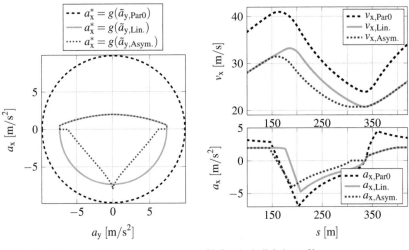

(a) Beschleunigungsprofile                    (b) Geschwindigkeitsprofile

**Abbildung 4.11:** Maximale Referenzgeschwindigkeit, lineare Skalierung und asymmetrisches „g-g"-Muster

Die längsdynamische Planungsadaption mithilfe von asymmetrischen „g-g"-Mustern erzeugt eine Referenzgeschwindigkeit, die sich an subjektiven und objektiven Kriterien orientieren kann und führt durch steigende Ausnutzung des Kamm'schen Kreises letztlich auf die optimale Fahrweise auf einer Rennstrecke.

# 5 Regelungskonzepte für die kooperative Fahrt

In der kooperativen Fahrt ist der Fahrer aktiv in die Quer- und Längsführung eingebunden. Besonders wichtig ist hierbei, wie stark der Fahrer vom System beeinflusst wird. Je nach Situation soll der Fahrer leicht oder stark geführt werden. In kritischen Fahrsituationen wäre es notwendig, diesen komplett vom Fahrgeschehen zu entkoppeln. Diese Variation im Systemeinfluss wird über den Parameter Eingriffsdominanz gesteuert, das mit dem „Level of haptic Authority" nach [AMB12] vergleichbar ist. Über diese Applikationsdimension wird eingestellt, mit welcher Intensität das Assistenzsystem seinen eigenen Fahrwunsch gegenüber den Zielen und Aktionen des Fahrers durchsetzt. Der angepasste Begriff wurde gewählt, da der Fahrer nicht in allen Fahrzeugaktoren haptische Rückmeldungen vom System erhält und die Autorität über das Fahrgeschehen eine Kombination aus der Eingriffsstärke des Systems und dem von ihm verfolgten Ziel ist, was in den Freiheitsgrad Planungsadaption überführt wurde: Teilen Fahrer und Fahrfunktion das gleiche Fahrziel, gibt prinzipiell keiner von beiden die Autorität auf. Mit Abbildung 2.18 wurde eine Regelungsstruktur für die vollautomatische Fahrt ohne Fahrerbeteiligung vorgestellt, in der Quer- und Längsregelung aufgetrennt wurden. Diese werden auch in der kooperativen Fahrt separat betrachtet, weil die Randbedingungen in der Interaktion mit dem Fahrer große Unterschiede aufweisen. Es werden jeweils die Systemziele und -architekturen gemeinsam mit möglichen Dominanzvariationen vorgestellt. Zuletzt wird das Konzept der Eingriffsdominanzregelung aufgegriffen, das in erster Linie eine Sicherheitsfunktion darstellt, aber kombiniert mit der Vorgabe einer Basis-Eingriffsdominanz einen „Zwei-Freiheitsgrade"-Ansatz zur Abstimmung des Kooperationsverhaltens erlaubt.

## 5.1 Kooperative Querdynamikregelung

Die Eingriffsdominanz wirkt sich in der Querdynamikregelung auf die Interaktion mit dem Fahrer im Lenkrad aus und ist ausschließlich Auslegungselement der Lenkwinkelregelung. In Abschnitt 3.2.2 wurde das Zusammenspiel zwischen Fahrer und Fahrdynamikregelung besprochen und darauf hingewiesen, dass sich die Strategien zwischen paralleler und serieller Anordnung unterscheiden können. In diesem Abschnitt wird eine Eingriffsdominanzvariation für eine parallele Assistenzstruktur vorgestellt, in der der Fahrer nicht entkoppelt werden kann. Die Variationsmöglichkeiten der Lenkwinkelregelung werden in Abschnitt 5.1.2 gezeigt, zuvor sollen aber die Ziele der Querregelung wiederholt und die komplette Reglerarchitektur eingeführt werden.

### 5.1.1 Ziele und Architekturübersicht der Querdynamikregelung

Im Kontext dieser Arbeit ist das primäre Ziel der Querdynamikregelung dem Fahrer den Verlauf einer Referenzlinie beizubringen. Um dem Fahrer dabei eigene Fahrerfahrungen zu

© Springer Fachmedien Wiesbaden GmbH, ein Teil von Springer Nature 2019
S. Schacher, *Das Mentorensystem Race Trainer*, AutoUni – Schriftenreihe 141,
https://doi.org/10.1007/978-3-658-28135-9_5

ermöglichen, soll die Intensität der Lenkeingriffe skalierbar sein: von der vollautomatischen (Vorführ-)Runde bis hin zur beinahe manuellen Fahrt. Außerdem erfordert die Interaktionssicherheit, dass der Fahrer nicht durch zu hohe Lenkmomente oder Lenkwinkeländerungen direkt gefährdet wird. Dies schränkt die Lenkwinkelregelung ein, da in der hier betrachteten parallelen Asssistenzstruktur der Fahrer nicht entkoppelt werden kann. Dies ist im Kontext eines Fahrertrainings auf der Rennstrecke aber auch nicht gewollt, da der Fahrer immer einen korrekten Bezug zwischen Handlenkwinkel und Fahrzeugreaktion haben soll. Abbildung 5.1 zeigt die Einbindung des Fahrers in den Regelkreis der kooperativen Querdynamikregelung.

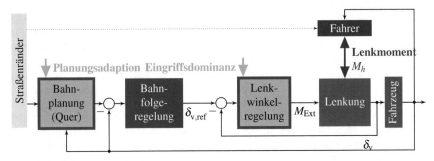

**Abbildung 5.1:** Architekturübersicht der kooperativen Querdynamikregelung

Basierend auf der geforderten Planungsadaption liefert die Bahnplanung eine Solltrajektorie an die Bahnfolgeregelung. Da sich die Bahnplanung aus Kapitel 4.1 konstant an die aktuelle Position des Fahrzeugs anpasst, entsteht nie ein Regelfehler zum aktuellen Zeitpunkt und die Bahnfolgeregelung kann somit nicht durch einen einfachen Ansatz wie ein PID-Verfahren erfolgen. Es werden vorausschauende Elemente notwendig, wie bei dem in Abschnitt 2.3.1 vorgestellten MPC-Verfahren, das zudem die zweite Anforderung, die Vorgabe eines möglichst physikalisch korrekten Lenkwinkels, erfüllt. Dies ist notwendig, damit die Lenkwinkelregelung die Stellgröße Lenkmoment an die vorgegebene Eingriffsdominanz anpassen kann. Der Fahrer wirkt mit eigenen Lenkmomenten auf das Lenksystem und spürt dabei die Momente der Lenkwinkelregelung und der Lenkunterstützung des Seriensteuergeräts sowie die Rückstellkräfte der Reifen. Auch wenn die vom Fahrer spürbaren Lenkmomente stark von dem Unterschied zwischen Fahrer- und Systemwunsch und damit vom Verlauf der Solltrajektorie abhängen, erfolgt die Anpassung der Eingriffsdominanz ausschließlich in der Lenkwinkelregelung. Selbst wenn Bahnplanung und Bahnfolgeregelung mit dem aktuellen Kurs des Fahrers einverstanden sind, entscheidet die Dominanz der Lenkwinkelregelung darüber, was dem Fahrer über das Lenkrad mitgeteilt wird. Beispielsweise liefert der in $M_{Ext}$ enthaltene Vorsteueranteil der Lenkwinkelregelung immer einen Beitrag zum Lenkmoment, egal ob eine Lenkwinkeldifferenz vorliegt oder nicht.

## 5.1.2 Eingriffsdominanzvariation in der Lenkwinkelregelung

Das vom Fahrer spürbare, additive Lenkmoment $M_{Ext}$ setzt sich nach Kapitel 2.3.2 aus einem Vorsteuerungsmoment (Open-Loop) und einem PID-Regelungsmoment (Closed-Loop) zusammen. Zur Variation der Eingriffsdominanz (ED) wird das vom Regler geforderte additive Lenkmoment des Mentorensystems angepasst und mit den neuen Termen $M_{Mentor}^{OL,ED}$ und $M_{Mentor}^{CL,ED}$ über

$$M_{Ext} = M_{Mentor} = M_{Mentor}^{OL,ED} + M_{Mentor}^{CL,ED} \qquad (5.1)$$

berechnet. Abbildung 5.2 (a) zeigt anhand des P-Anteils, wie das Regelungsmoment $M_{Mentor}^{CL,ED}$ vom Lenkwinkelfehler $e_\delta$ abhängt. Lenkt der Fahrer genau wie es das System wünscht ($e_\delta =$ 0), spürt dieser kein proportionales Korrekturmoment. Durch Anpassung der P-Kennlinie des Reglers, wird das Korrekturmoment auf falsche Lenkeingriffe des Fahrers variiert. Mittels

$$e_\delta = \delta_{v,ref} \cdot i_l - \delta_H^* \qquad (5.2)$$

$$M_{Mentor}^{CL,ED} = k_{e_\delta}^{ED} \cdot e_\delta + k_{\dot{e}_\delta} \cdot \dot{e}_\delta + k_{\dot{\delta}_H^*} \cdot \dot{\delta}_H^* \qquad (5.3)$$

ist eine Anpassung des Regelungsanteils im Lenkmoment möglich. Abbildung 5.2 (a) zeigt den Effekt der Eingriffsdominanzvariation von $k_{e_\delta}^{ED} \in \left[ k_{e_\delta}^{min} \dots k_{e_\delta}^{max} \right]$ in Abhängigkeit vom Lenkwinkelfehler $e_\delta$ und der gewünschten Eingriffsdominanz. Wie in Abschnitt 3.2.3 diskutiert, soll der I-Anteil im Lenkwinkelregler überhaupt nicht genutzt werden, $k_{\int e_\delta dt}$ fehlt hier. Einen ebenfalls großen Anteil an der spürbaren Eingriffsdominanz hat das maximale Moment, das der Lenkwinkelregler nutzen darf. Deswegen wird eine variierbare Saturierung des Lenkmoments

$$|M_{Mentor}| \leq M_{Mentor}^{SAT,ED} \qquad (5.4)$$

mit $M_{Mentor}^{SAT,ED} \in \left[ M_{Mentor}^{SAT,min} \dots M_{Mentor}^{SAT,max} \right]$ eingeführt. Abbildung 5.2 (b) illustriert den Effekt der Saturierung auf das kommandierte Lenkmoment $M_{Mentor}$ am Beispiel eines reinen P-Anteils. Nach Überschreiten der Saturierung bleibt das Lenkmoment auf dem begrenzenden Wert.

Neben dem Lenkmoment vom PD-Regler liefert auch die Vorsteuerung einen Beitrag zu $M_{Mentor}$. Das Regelungsmoment ist von der Differenz zwischen Soll- und Ist-Lenkwinkel abhängig, das Vorsteuerungsmoment von der Referenztrajektorie und der geforderten Querkraft an der Vorderachse. Das bedeutet, dass der Fahrer Anteile der PD-Regelung nur bei „falschen" Lenkeingaben spürt, Anteile von der Vorsteuerung jedoch immer vorliegen. Durch den Vorsteuerungsanteil kann sich das Fahrzeug „wie auf Schienen" anfühlen, da der Fahrer in Kurven immer ein starkes Lenkmoment spürt. Der nächste große Unterschied in der

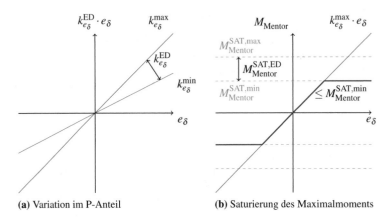

(a) Variation im P-Anteil                    (b) Saturierung des Maximalmoments

**Abbildung 5.2:** Eingriffsdominanzvariation im P-Anteil und Saturierung des Maximalmoments

erlebten Eingriffsdominanz kann deswegen durch das Reduzieren oder Abschalten des physikalisch benötigten Vorsteuerungsanteils $M^{\mathrm{OL}}_{\mathrm{Mentor}}$ durch

$$M^{\mathrm{OL,ED}}_{\mathrm{Mentor}} = k^{\mathrm{OL,ED}} \cdot M^{\mathrm{OL}}_{\mathrm{Mentor}} \qquad (5.5)$$

mit dem neuen Faktor $k^{\mathrm{OL,ED}} \in [0\ldots 1]$ erreicht werden. Dadurch muss der Fahrer das Lenkmoment für die benötigten Seitenführungskräfte selber aufbringen. Der Vorsteuerungsanteil sollte zudem reduziert werden, wenn das maximal erlaubte Lenkmoment $M^{\mathrm{SAT,ED}}_{\mathrm{Mentor}}$ klein ist, da sich sonst eine unerwünschte Abhängigkeit ergibt. Das Vorsteuerungsmoment $M^{\mathrm{OL}}_{\mathrm{Mentor}}$ wird immer auf das Regelungsmoment $M^{\mathrm{CL}}_{\mathrm{Mentor}}$ addiert, mit dem Effekt, dass sich die Kennlinie entlang der y-Achse verschiebt. Die Saturierung wird dadurch schneller erreicht, wie Abbildung 5.3 (a) zeigt. Dem Fahrer kann dann weniger Rückmeldung zu Fehlern im Lenkwinkel gegeben werden. Das Vorsteuerungsmoment kann sogar außerhalb der Saturierung liegen, wodurch dem Fahrer nur eine Korrekturrückmeldung beim Unterschreiten der Grenze gegeben werden kann, was in Abbildung 5.3 (b) visualisiert ist.

Abbildung 5.4 zeigt abschließend die mögliche, und (fett gedruckt) die in dieser Arbeit umgesetzte Variation der Eingriffsdominanz in der Lenkwinkelregelung. Die dahinter verborgenen Parameter müssen anwendungs- und fahrzeugspezifisch ausgelegt werden.

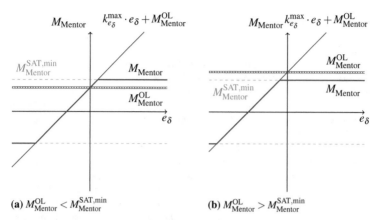

**(a)** $M_{\text{Mentor}}^{\text{OL}} < M_{\text{Mentor}}^{\text{SAT,min}}$      **(b)** $M_{\text{Mentor}}^{\text{OL}} > M_{\text{Mentor}}^{\text{SAT,min}}$

**Abbildung 5.3:** Einschränkung der Korrekturmöglichkeiten durch den Einfluss der Vorsteuerung

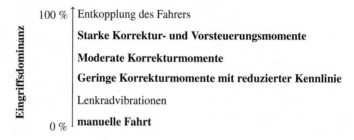

**Abbildung 5.4:** Variation der Eingriffsdominanz der Lenkwinkelregelung

## 5.2 Kooperative Längsdynamikregelung

Die Eingriffsdominanz wirkt sich in der Längsregelung auf die Interaktion mit dem Fahrer im Gaspedal und im Bremspedal aus. Nach einer Wiederholung der Ziele und der Vorstellung der Systemarchitektur, wird gezeigt, wie man in der Längsdynamikregelung auch ohne haptische Rückkopplung zum Fahrer eine Variation der Eingriffsdominanz erreichen kann.

### 5.2.1 Ziele und Architekturübersicht der Längsdynamikregelung

Das primäre Ziel der kooperativen Längsdynamikregelung ist es, dem Fahrer die richtige Geschwindigkeitswahl beizubringen. Als Nebenziel sollen zu hohe Geschwindigkeiten verhindert werden, um die Sicherheit zu gewährleisten. In der Längsdynamik ist es vergleichsweise einfach, eine Sicherheitsschranke zu definieren. Nach Abschnitt 2.2.4 lässt sich die maximale Geschwindigkeit, mit der ein vorgegebener Referenzlinienverlauf noch fahrbar ist, berechnen. Außerdem ist es im Bremssystem ohne Gefährdung des Fahrers möglich, diesen zu überstimmen. Das System braucht demnach erst beim Erreichen dieser Obergrenze einzugreifen. Allerdings ist die Beherrschbarkeit einer Kurvenfahrt direkt von der gefahrenen Geschwindigkeit abhängig. Selbst wenn eine Fahrsituation von einem Profi kontrollierbar ist, muss dies nicht für einen unerfahrenen Fahrer möglich sein. Das System soll dem Fahrer Konzepte wie das dosierte Bremsen und Beschleunigen in Kurven beibringen, ohne dass dieser direkt am physikalischen Limit unterwegs sein muss. Diese Konzepte führen auch schon bei geringeren Geschwindigkeiten zu einer sanfteren und harmonischeren Fahrweise. Aus diesem Grund wird eine obere Geschwindigkeitsgrenze eingeführt, die anfangs nicht dem fahrphysikalischen Limit entsprechen muss und durch die in Abschnitt 4.2 vorgestellten „g-g" Profile ausgelegt wird. Der Regler soll beim Erreichen dieser Grenze immer eingreifen und die Geschwindigkeit durch Bremsen einschränken. Da der Fahrer den Bremswunsch vom System nicht verhindern oder reduzieren kann, wirkt ein Bremseingriff jedoch sofort entkoppelnd.

Den Fahrer mit eigenen Erfahrungen an diese maximale Geschwindigkeit heranzuführen, stellt die eigentliche Herausforderung dar. Wie in Abschnitt 3.1.3 diskutiert wurde, kann diesem nicht haptisch vorgeführt werden, was er tun soll. Anders als es in der Querführung durch additive Lenkmomente möglich ist, fehlt in der Längsdynamik die Interaktion oder sie ist nur eindimensional und über getrennte Schnittstellen durch Gas- und Bremspedal möglich. Um trotzdem eine Variation der Eingriffsdominanz zu erreichen, wird eine zweite, langsamere Geschwindigkeitsempfehlung eingeführt, die dem Fahrer als Orientierung dient. Dadurch entsteht ein Spielraum für die Variation der Eingriffsdominanz. Da diese Geschwindigkeitsempfehlung langsamer als das Geschwindigkeitsmaximum ist, muss der Fahrer beim Erreichen nicht sofort entkoppelt werden. Diese untere Grenze kann genutzt werden, um den Fahrer die gewünschten Konzepte zu vermitteln und um ihm einen Freiraum in der Längsführung zu ermöglichen. Anders als bei der Querführung, wird bei der Längsführung auch die Nutzung von akustischen Signalen einbezogen, da sie eine entscheidende Rolle bei der Interaktion mit dem Fahrer darstellt und untrennbar mit der Längsdynamikregelung zusammenspielt.

Abbildung 5.5 zeigt die Architektur der kooperativen Längsdynamikregelung. Die Bahnplanung liefert die beiden, zuvor diskutierten Geschwindigkeitsprofile basierend auf der gewünschten Planungsadaption. Das Profil $v_{x,Safety}$ stellt die sicherheitsbedingte, obere Schranke dar, das langsamere Profil $v_{x,Trainer}$ dient zur Variation der Eingriffsdominanz. Diese werden von zwei parallel arbeitenden Ländsdynamikreglern genutzt, die eine entsprechende Längskraft an die Aktoriksteuerung senden. In der Aktoriksteuerung findet, basierend auf der gewünschten Eingriffsdominanz, eine gezielte Ansteuerung der Fahrzeugaktorik statt. Außerdem können die Fahrzeuglautsprecher genutzt werden, um dem Fahrer eine akustische Bremsaufforderung oder -information einzuspielen. Der Fahrer ist in Gas- und Bremspedal unterschiedlich ins System eingebunden. Sein Wunsch ans Gaspedal wird von der Eingriffsdominanzsteuerung interpretiert, der von ihm erzeugte Bremsdruck vom ABS-Steuergerät. In beiden Pedalen ist der Fahrer seriell eingebunden, das hier betrachtete Fahrzeug bietet dem Mentorensystem jedoch nur die Möglichkeit den Gaspedalwunsch komplett zu bestimmen. Im Bremspedal wird vom Seriensteuergerät immer das Maximum vom Bremswunsch des Fahrers und des Regelungssystems genommen, das System kann also nicht weniger Bremsen, als es der Fahrer möchte. Dies ist verträglich mit der Auslegung des Mentorensystems, denn eine Reduktion des Bremswunsches des Fahrers ist in dieser Arbeit ebenso wenig gewünscht, wie ein Gasgeben ohne Wunsch vom Fahrer.

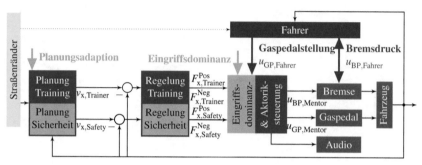

**Abbildung 5.5:** Architekturübersicht der kooperativen Längsdynamikregelung

Die Eingriffsdominanzvariation ist hier von der vorgegebenen Planungsadaption abhängig, da die zwei Geschwindigkeitsprofile als Aktivierungsschranken genutzt werden. Abbildung 5.6 zeigt beispielhaft die Vorgabe von zwei „g-g" und Geschwindigkeitsprofilen. An Abbildung 5.6 (a) ist erkennbar, dass das langsamere $v_{x,Trainer}$ Profil geringere maximale und kombinierte Beschleunigungen zulässt und auch ein konkaveres Profil aufweist. Abbildung 5.6 (b) zeigt als Effekt die reduzierte Geschwindigkeit und auch die geringeren Bremsbeschleunigungen im unteren Diagramm. Beide Profile gewähren zudem einen Sicherheitsabstand zum fahrphysikalischen Limit der vollautomatischen Fahrt im Grenzbereich $v_{x,Par0}$. Weiter oben wurde diskutiert, dass durch den Unterschied zwischen Sicherheits- und Trainingsprofil überhaupt erst der Spielraum für die Eingriffsdominanz entsteht. Bei der Vorgabe der Geschwindigkeitsprofile durch die Planungsadaption muss dieser notwendige Abstand berücksichtigt werden. Im nachfolgenden Abschnitt wird gezeigt, wie die Eingriffsdominanz dazwischen variiert werden kann. Eine geeignete Auslegung beider Profile ist anwendungs- sowie fahrerspezifisch und wird in Kapitel 6.1.4 am Beispiel eines Rennstreckentrainings durchgeführt.

### 5.2.2 Eingriffsdominanzvariation und Aktorikansteuerung

Die Eingriffsdominanz soll zwischen der manuellen Fahrt und der vollständigen Entkopplung des Fahrers variiert werden können. Um in der Längsdynamikregelung den Zwischenbereich der Assistenz auszufüllen, wurden zwei Geschwindigkeitsschranken eingeführt. Basierend auf diesen Schranken werden optisch/akustische Hinweise eingeblendet, die Gasannahme vom Fahrer wird reduziert und bei Überschreitung wird auch zusätzlich gebremst.

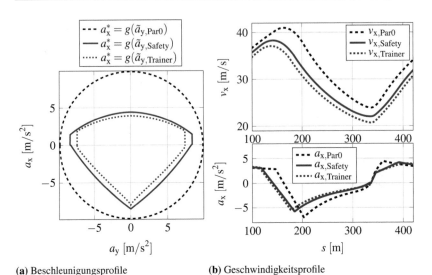

(a) Beschleunigungsprofile          (b) Geschwindigkeitsprofile

**Abbildung 5.6:** Vorgabe eines Trainings- und eines Sicherheitsprofils

In den folgenden Erläuterungen wird davon ausgegangen, dass das Assistenzsystem den Fahrer beim Erreichen der oberen Geschwindigkeitsschranke immer entkoppelt.

Das erste Auslegungselement der Eingriffsdominanz sind optische und akustische Hinweise. Bei einer Annäherung an die Geschwindigkeitsschranke $v_{x,\text{Trainer}}$ hört der Fahrer eine Vorwarnung in Form von kurzen hochfrequenten Tönen mit abnehmender Pause. Diese Töne sind vergleichbar mit Abstandswarntönen von Einparksystemen. Beim Erreichen oder Überschreiten dieser unteren Geschwindigkeitsschranke kommuniziert das System seinen Bremswunsch über einen niederfrequenten, dominanten Brummton. Gleichzeitig wird die ins Sichtfeld des Fahrers eingeblendete Ideallinie rot gefärbt.

Das zweite Element der Auslegung ist die Umsetzung des Gaspedalwunsches vom Fahrer. Sobald der Fahrer die erste (langsamere) Geschwindigkeitsschranke erreicht, wird dieser Wunsch reduziert, wodurch ein weiteres Beschleunigen des Fahrzeugs verhindert wird. Dies kann unabhängig von Bremseingriffen erfolgen, sodass der Fahrer nur im Gaspedal entkoppelt wird. Abbildung 5.7 zeigt den Effekt auf die Fahrgeschwindigkeit, wenn die Gasannahme übersteuert wird. Im abgebildeten Diagramm sind erneut drei Geschwindigkeitsprofile zu sehen, das fahrphysikalische Maximum $v_{x,\text{Par0}}$, die obere Sicherheitsgrenze $v_{x,\text{Safety}}$ und das Trainingsprofil $v_{x,\text{Trainer}}$. In grün ist beispielhaft die tatsächliche Fahrgeschwindigkeit $v_x$ eingezeichnet. In dem gezeigten Beispiel bremst der Fahrer bei Überschreiten des Trainingsprofils nicht (Lautsprecher-Symbol), sodass er auf das Sicherheitsprofil trifft (Blitz-Symbol), und das Fahrzeug vom Mentorensystem verlangsamt wird.

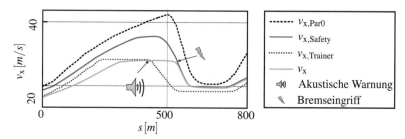

**Abbildung 5.7:** Akustische Information, Gaspedalreduktion und Einbremsung des Sicherheitsprofils

Das dritte Auslegungselement der Eingriffsdominanz sind moderate Bremseingriffe. Auch wenn der Fahrer durch diese immer direkt entkoppelt wird, können diese so ausgelegt werden, dass der Fahrer zum eigenen Bremsen animiert wird. Eine Möglichkeit ist es, nur leicht zu bremsen, sodass der Fahrer einen eigenen Bremsdruck aufbauen muss, um den Verlauf der Trainingsgeschwindigkeit einhalten zu können. Abbildung 5.8 zeigt eine solche Implementierung, bei der der Längsdynamikregler bereits ab Erreichen des Trainingsprofils mit einem Bremseingriff reagiert. Hier ist erneut keine Reaktion vom Fahrer gezeigt und es ist zu sehen, dass die leichten Bremseingriffe nicht ausreichen und die obere Geschwindigkeitsschranke eingreifen muss. Durch die reduzierten Bremseingriffe wird dem Fahrer aber weiterhin ein eigener Spielraum bei der Wahl der Geschwindigkeit gelassen.

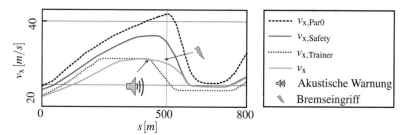

**Abbildung 5.8:** Moderates Bremsen auf das Trainingsprofil und Einbremsung des Sicherheitsprofils

Zur Vollständigkeit werden im Folgenden die Rechenvorschriften gezeigt, die für die jeweiligen Abstufungen umgesetzt wurden. Für alle Varianten gilt, dass die Bremseingriffe des Sicherheitsprofils $F_{x,Safety}^{Neg}$ immer priorisiert und unmodifiziert an die Fahrzeugaktorik weitergegeben werden und dass die optisch/akustische Rückmeldung immer vom Bremswunsch des Trainingsprofils $F_{x,Trainer}^{Neg}$ gesteuert wird. Damit die Übersteuerung des Fahrers im Gaspedal nach Abbildung 5.7 reibungslos und harmonisch abläuft, wird der Beschleunigungswunsch vom Fahrer anhand der aktuellen Gaspedalstellung $u_{GP,Fahrer}$ gemessen und auf den Gaspedalwunsch des Regelungssystems $u_{GP,Trainer} = k_{T,Fx2GP} \cdot F_{x,Trainer}^{Pos}$ beim Annä-

hern an die Geschwindigkeitsgrenze übergeblendet. Wird 70% der Trainingsgeschwindigkeit erreicht, gewährleistet eine Fallunterscheidung

$$u_{\text{GP,Mischung}} = u_{\text{GP,Fahrer}} - \left(u_{\text{GP,Fahrer}} - u_{\text{GP,Trainer}}\right) \cdot \left[1 - \left(1 - \frac{v_x}{v_{x,\text{Trainer}}}\right) \cdot \left(\frac{1}{0.3}\right)\right] \quad (5.6)$$

$$u_{\text{GP,Mentor}} = \begin{cases} u_{\text{GP,Fahrer}}, & \text{für } v_x \leq 0.7 \cdot v_{x,\text{Trainer}} \\ u_{\text{GP,Mischung}}, & \text{für } 0.7 \cdot v_{x,\text{Trainer}} \leq v_x \leq v_{x,\text{Trainer}} \\ u_{\text{GP,Trainer}}, & \text{für } v_x \geq v_{x,\text{Trainer}} \end{cases} \quad (5.7)$$

den kontinuierlichen Übergang auf den Systemwunsch. Für das Überblenden auf den vollen
Bremswunsch des Trainingsprofils über ein vorher definiertes Intervall wird zunächst die
Startzeit über die Variable

$$t_{\text{Trainer}}^{\text{Start}}(i) = \begin{cases} t & \text{für } F_{x,\text{Trainer}}^{\text{Neg}} \geq 0 \\ t_{\text{Trainer}}^{\text{Start}}(i-1) & \text{für } F_{x,\text{Trainer}}^{\text{Neg}} < 0 \end{cases} \quad (5.8)$$

festgehalten, sobald eine negative Längskraft gefordert wird. Anhand des gewünschten Transitionsintervalls $\Delta t_{\text{Trainer}}^{\text{Intervall}}$ wird die Längskraft

$$F_{x,\text{Trainer}}^{\text{Neg,Interval}} = \begin{cases} F_{x,\text{Trainer}}^{\text{Neg}} \cdot \frac{t - t_{\text{Trainer}}^{\text{Start}}(i)}{\Delta t_{\text{Trainer}}^{\text{Intervall}}}, & \text{für } \frac{t - t_{\text{Trainer}}^{\text{Start}}(i)}{\Delta t_{\text{Trainer}}^{\text{Intervall}}} \leq 1 \\ F_{x,\text{Trainer}}^{\text{Neg}}, & \text{sonst} \end{cases} \quad (5.9)$$

bestimmt und mittels einer Fallunterscheidung

$$F_{x,\text{ref}}^{\text{Neg}} = \begin{cases} F_{x,\text{Trainer}}^{\text{Neg,Interval}}, & \text{für } F_{x,\text{BP}}^{\text{Interval}} < F_{x,\text{Safety}}^{\text{Neg}} \\ F_{x,\text{Safety}}^{\text{Neg}}, & \text{sonst} \end{cases} \quad (5.10)$$

in die vom Längsdynamikregler geforderte Längskraft eingebracht. Zusammenfassend zeigt
Abbildung 5.9 die Variation der Eingriffsdominanz in der Längsdynamikregelung.

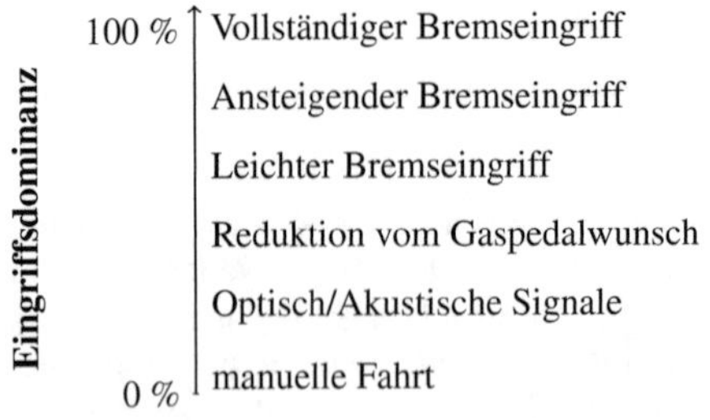

**Abbildung 5.9:** Variation der Eingriffsdominanz der Längsdynamikregelung

## 5.3 Eingriffsdominanzregelung und Kooperationsverhalten

In diesem Abschnitt können alle Bausteine der vergangenen drei Kapitel zusammengesetzt werden. Dadurch resultiert ein System, das in der Lage ist, sich auf die Fahrsituation und den Fahrer einzustellen. Durch das letzte notwendige Element der Eingriffsdominanzregelung wird dieses sogar, unabhängig vom Fahrer und von der Basisabstimmung der Eingriffsdominanz und Planungsadaption, in kritischen Situationen die Gesamtsicherheit steigern können. Dies wurde in Kapitel 3.2.2 als minimaler Kooperationtyp vorgestellt und gibt dem Anwender die Gewissheit, dass das System in Notfällen eingreift, unabhängig davon, ob das Fahrertraining zuvor mit geringen oder kräftigen Interaktionen durchgeführt wurde. Der Fahrer kann sich idealerweise auf das System verlassen und dem Fahrertraining vertrauen. Aus Perspektive des Systementwurfs wird dadurch ein wichtiger Effekt erreicht. Es wurde viel darüber diskutiert, dass das Einbringen eines menschlichen Fahrers in das Gesamtsystem die Annahme des performanten inneren Regelkreises zerstört. Dies gilt für die einzelnen Regelkreise auch weiterhin. Mithilfe der Situationsbewertung und der Eingriffsdominanzregelung wird aber eine Lösung für die Aussage „Der Fahrer ist (k)eine Störgröße" gefunden, da jetzt klar definiert ist, wann und wie der Fahrer zu entkoppeln ist. Damit kann nun das gesamte kooperative Regelungssystem, mitsamt des unvorhersehbaren Fahrers, als performanter innerer Regelkreis des Mentorensystems abstrahiert werden. Das System adaptiert sich selbst und sorgt dafür, dass das Fahrzeug sicher auf der Strecke bleibt. Für den Entwurf des Kooperationsverhaltens und des Trainingserlebnisses bedeutet dies eine erhebliche Vereinfachung der Auslegung, weil das Verhalten in kritischen Situationen unabhängig vom Trainingsverhalten in normalen Situationen abgestimmt werden kann. Der letzte Abschnitt zeigt deswegen eine einfache Variante, um die Grundabstimmung vorzugeben.

### 5.3.1 Regelung und Vorgabe von Eingriffsdominanz und Planungsadaption

Abbildung 3.13 auf Seite 65 hat die Regelungsarchitektur des Mentorensystems bereits gezeigt. Für diesen Abschnitt sind die grün hervorgehobenen Blöcke **Einstellungen des Mentorensystem** und **Eingriffsdominanzregelung** sowie die Informationsflüsse **Planungsadaption**, **Basis-Eingriffsdominanz**, **Situationskritikalität** und **Eingriffsdominanz** wichtig. Über den Block **Einstellungen des Mentorensystem** wird die Planungsadaption der Bahnplanung und die Basis-Eingriffsdominanz der Aktorikregelung vorgegeben. Darüber wird das Kooperationsverhalten des Systems in unkritischen, normalen Fahrsituationen bestimmt. Diese Basisabstimmung ist notwendig, damit das System auch außerhalb von kritischen Situationen den Fahrer aktiv unterstützt und ermöglicht, dass sich das System über die **Planungsadaption** an das Können des Fahrers anpassen kann, da diesem mit steigendem Erkenntnisgewinn mehr Freiraum zugestanden werden soll. Der zweite Block **Eingriffsdominanzregelung** entscheidet anhand der **Situationskritikalität**, ob das System den Fahrer stärker beeinflussen oder sogar entkoppeln muss, damit das Fahrzeug nicht die Strecke verlässt. Dieser Block verwaltet demnach das Kooperationsverhalten in kritischen Situationen. Durch diese Aufteilung entsteht ein „Zwei-Freiheitsgrade"-Ansatz zur getrennten Abstimmung des Kooperationsverhaltens in normalen und in kritischen Situationen.

## 5.3.2 Regelung der Eingriffsdominanz in kritischen Situationen

Das Konzept der Eingriffsdominanzregelung und das mögliche Kooperationsverhalten in kritischen Situationen wurde in Kapitel 3.3.3 eingeführt. Theoretisch sollten beim Entwurf eines Stellgesetzes oder eines Regelkreises die Unsicherheiten und Zeitkonstanten der Regelstrecke bei der Festlegung der Grenzwerte oder des Stellgesetzes einbezogen werden. Für die Gewährleistung der Sicherheit können auch in einem Mentorensystem etablierte Verfahren von FAS verwendet werden, wie sie beispielsweise in [WHLS16] zu finden sind, sofern diese nur in tatsächlichen Notsituationen aktiv werden.

An dieser Stelle wird deswegen keine vertiefende Diskussion geführt, sondern nur eine simple Logik vorgestellt, die im Versuchsträger „Race Trainer" implementiert wurde. Mit dieser Eingriffsdominanzregelung ist kein komplett sicheres System realisierbar, da die Systemdynamik und Regelungsunsicherheiten nicht berücksichtigt werden. Dies müsste in zukünftigen Forschungsvorhaben weiter vertieft werden. Da in dem eingesetzten Versuchsträger zudem eine parallele Assistenzstruktur in der Lenkung vorliegt, ist eine Garantie auf die Verkehrssicherheit nicht möglich: Bei paralleler Einbindung kann der Fahrer nicht vollständig entkoppelt werden und der Fahrdynamikregler ist in seiner erreichbaren Performance eingeschränkt, wie in Abschnitt 3.2.2 ausgearbeitet wurde. Die hier gezeigte Regelung dient deswegen als Proof-Of-Concept für die insgesamt ausgearbeitete Mentorenstruktur und für die Umsetzung des gewünschten Kooperationsverhaltens. Durch die situationsbedingte Erhöhung der Eingriffsdominanz wird der Fahrer aber auch mit dieser Implementierung bereits in gefährlichen Situationen gewarnt und erhält eine starke Hilfestellung.

In der Längsführung wurde die Eingriffsdominanzregelung praktisch durch die Eingriffsdominanzvariation und die Priorisierung von $F_{x,Safety}^{Neg}$ bereits eingeführt. Die Eingriffsdominanz in der Querführung ist abhängig von der Situationskritikalität und nach Erreichen eines vorab definierten Grenzwertes wird die Eingriffsdominanz proportional zur steigenden Kritikalität erhöht. Abbildung 5.10 zeigt dieses Verhalten, wobei auf der $x$-Achse die Situationskritikalität und der parametrierbare Grenzwert aufgetragen sind. Dies ist annähernd mit einem Zweipunktregler vergleichbar, der noch um eine, nicht visualisierte, Filterung erweitert wird. Sobald die Situationskritikalität eine vorher definierte Aktivierungsschranke $S_{Krit}^{Aktivierung}$ erreicht, wird die Eingriffsdominanz durch

$$ED_{prop} = \begin{cases} ED_{min}, & \text{für } S_{Krit} < S_{Krit}^{Aktivierung} \\ ED_{min} + (ED_{max} - ED_{min}) \cdot \frac{S_{Krit} - S_{Krit}^{Aktivierung}}{1 - S_{Krit}^{Aktivierung}}, & \text{für } S_{Krit} \geq S_{Krit}^{Aktivierung} \end{cases} \qquad (5.11)$$

angepasst. Mit einer nachgelagerten Tiefpassfilterung erster Ordnung

$$ED^{CL}(i) = ED^{CL}(i-1) + (ED_{prop} - ED^{CL}(i-1)) \cdot /T_{ED} \qquad (5.12)$$

werden die Änderungen der Eingriffsdominanz zwischen zwei Zeitschritten $i$ gedämpft. An die Lenkwinkelregelung wird letztlich das Maximum aus Regelung und Basisabstimmung nach

$$\textbf{Eingriffsdominanz} = \max\left(\text{ED}^{\text{CL}}(i), \textbf{Basis-Eingriffsdominanz}\right) \qquad (5.13)$$

ausgegeben. Zusätzlich wechselt das Mentorensystem nach Überschreiten des Grenzwertes in einen „Rückführungs-Zustand", bei dem die Eingriffsdominanz bis zur vollständigen Rückkehr auf die Referenzlinie erhöht bleibt. Dieser Mechanismus wird im nachfolgenden Kapitel vorgestellt, da über diesen das Kooperationsverhalten in normalen (nicht mehr kritischen) Situationen beeinflusst wird.

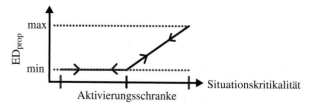

**Abbildung 5.10:** Gleitendes Verhalten der Eingriffsdominanzregelung

### 5.3.3 Vorgabe des Kooperationsverhaltens in normalen Situationen

Der eingeführte Begriff Mentorensystem impliziert, dass der Fahrer etwas lernen soll. Um diesen Prozess zu fördern, hilft das Assistenzsystem auch in unkritischen Situationen durch aktive Eingriffe in die Fahrdynamik. Diese erfolgen nach dem Typ reduzierter Kooperation, da dem Fahrer nicht freie Hand gelassen wird, das System aber Abweichungen von einer optimalen Fahrweise erlaubt. Um dies umzusetzen, müssen Planungsadaption und Eingriffsdominanz für das Basis-Kooperationsverhalten passend vorgegeben werden. Die Planungsadaption setzt sich aus der Berücksichtigung des Fahrerwunsches in der Linienwahl durch den Faktor $k_{\text{dyn}}$, siehe Abbildung 4.3 auf Seite 71, und der erlaubten Fahrgeschwindigkeit durch die „g-g"-Muster zusammen. Je weniger Vorwissen der Fahrer hat, desto stärker soll das Mentorensystem ihn anleiten. Zu Beginn eines Fahrertrainings wird der Gewichtungsfaktor $k_{\text{dyn}}$ so eingestellt, dass die Trajektorien schnell auf die zu erlernende Linie zurückführen. Die Unterstützungsintensität hängt von der gewählten Eingriffsdominanz ab, die für die Quer- und Längsführung unterschiedlich anpassbar ist.

Das Kooperationsverhalten kann aber noch erweitert werden. Neben der Abstimmung in kritischen und normalen Situationen, kann man auch auf den Fahrer situativ reagieren. Weicht dieser beispielsweise deutlich und gewollt von den Empfehlungen des Systems ab, kann dem Fahrer kurzzeitig mehr Freiraum gewährt oder sogar in die maximale Kooperation gewechselt werden. Ein weiteres Element kann der, weiter oben angekündigte, „Rückführungs-Zustand" sein. Wurde der Fahrer in einer kritischen Situation stärker unterstützt, bleiben

Eingriffsdominanz und Planungsadaption so lange auf einem erhöhten Wert, bis das Fahrzeug zurück auf die Ideallinie gebracht wurde. In die Grundabstimmung wird erst dann zurück gewechselt, wenn das Fahrzeug über einen längeren Zeitraum stabil auf der Ideallinie gefahren ist.

Aus einem Systementwurf wie nach Abbildung 3.4 entstehen noch weitere Anforderungen an das Kooperationsverhalten. Damit diese in die Auslegung einfließen, kann beispielsweise das Konzept eines Zustandsautomaten nach [Har87] eingesetzt werden. Auch in [BFAM14] wird ein Zustandsautomat für die Vorgabe des situativ passenden Assistenzlevels genutzt. In einem solchen Automaten ist das Gesamtsystem immer in genau definierten Zuständen und der Wechsel von einem Zustand in einen anderen wird durch Transitionsbedingungen reguliert. In jedem Zustand ist es möglich, die (Vorsteuerung der) Planungsadaption und Basis-Eingriffsdominanz unterschiedlich zu definieren. Abbildung 5.11 zeigt einen solchen Automaten. Die unterschiedlich eingegrauten Kästen beschreiben Ober- oder Subzustände. Es gibt die Zustände „Normal", „Rückführung" und „Gefahr", wobei „Normal" noch einmal in die Unterzustände „Training" und „Freiraum" aufgeteilt ist. Die großen Kreise kennzeichnen Eintrittspunkte in den jeweiligen Oberzustand, die kleinen Kreise sind Kreuzungspunkte. Wird der Zustand „Normal" betreten, startet das System demnach immer zuerst im Modus „Training". Von Zuständen ausgehende Transitionen müssen sofort genommen werden, sobald die zugehörigen Bedingungen erfüllt sind. Diese sind durch die Klammern entlang der Transitionen spezifiziert, das Minus zeigt die Negation der Bedingung. So kann beispielsweise die Bedingung für eine kritische Situation $P_{\text{Krit}}$ wie in Abschnitt 5.3.2 durch

$$P_{\text{Krit}} : S_{\text{Krit}} \geq S_{\text{Krit}}^{\text{Aktivierung}} \tag{5.14}$$

spezifiziert werden, wodurch sie dem Umschaltverhalten der Eingriffsdominanzregelung entspricht. Der „Rückführungs-Zustand" kann anschließend gewährleisten, dass das System erst in das normale Training zurückgelangt, wenn die $P_{\text{Rückführung}}$-Bedingung erfüllt ist. Diese ist beispielsweise durch eine Stabilisierung der Fahrt auf der Ideallinie erfüllt. Es ist mit dieser Semantik möglich, weitere Subzustände in normalen Trainingssituationen zu definieren, mit denen das Kooperationsverhalten verfeinert wird. Widersetzt sich der Fahrer den Trainingsempfehlungen und erzeugt große Abweichungen von der Ideallinie, kann über die Bedingung $P_{\text{Freiraum}}$ in den Zustand „Freiraum" mit reduzierter Eingriffsdominanz und Planungsadaption gewechselt werden. Das zusätzlich eingezeichnete Koordinatensystem skizziert die Abstimmung im Auslegungsraum der Kooperationstypen nach Abschnitt 3.3.2. Gemeinsam mit der Eingriffsdominanzregelung ist so ein systematisches Design des Kooperationsverhaltens eines Mentorensystems möglich.

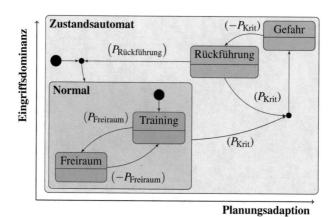

**Abbildung 5.11:** Einstellungen des Mentorensystems über einen Zustandsautomat mit Subzustän-
den

# 6 Kooperative Assistenz für ein Fahrertraining auf der Rennstrecke

Mit den bisher beschriebenen Methoden ist die Umsetzung eines Mentorensystems für ein Rennstreckentraining möglich. In diesem Kapitel wird gezeigt, wie die Realisierung in dem speziell modifizierten Versuchsträger „Volkswagen Golf R Race Trainer" aussieht, und es wird die konkrete Abstimmung vorgestellt. In Abschnitt 6.2 folgt eine Auswertung anhand mehrerer Versuchsfahrten, die das Zusammenspiel der einzelnen Elemente demonstrieren.

## 6.1 Umsetzung eines Mentorensystems für ein Rennstreckentraining

Zuerst wird in Abschnitt 6.1.1 analysiert, was unter einem Fahrertraining zu verstehen ist und es wird das Rennstreckentraining als gewähltes Anwendungsgebiet für ein kooperativ assistierendes Mentorensystem vorgestellt. Die Anforderungen an das Kooperationsverhalten des Mentorensystems werden aus dem Trainingsziel, den bekannten Auslegungsempfehlungen und weiteren Designentscheidungen in Abschnitt 6.1.2 hergeleitet. Für die Umsetzung des Mentorensystems wurde ein spezieller Versuchsträger aufgebaut, dessen Vorstellung in Abschnitt 6.1.3 mit einer genauen Analyse der Assistenzstruktur endet. Um das gewünschte Kooperationsverhalten mit diesen Möglichkeiten umzusetzen, wird in Abschnitt 6.1.4 die Abstimmung der Kernelemente des Mentorensystems gezeigt und ein Ausblick gegeben, welche Herausforderungen in der kooperativen Fahrt für die Bewertung des Fahrers zur Einstellung der Assistenzstufe existieren.

### 6.1.1 Rennstreckentraining und Einsatz von Mentorensystemen

Der Einsatz von geeigneten Schulungsszenarien ist ein erprobtes Mittel, um das Können von Autofahrern zu verbessern und die Verkehrssicherheit zu steigern. Bereits die Fahrschule zum Erlangen des Führerscheins zählt dazu. Bekannte Varianten sind Sonderschulungen zum Üben von herausfordernden Fahrsituationen, wie sie von vielen Automobilclubs angeboten werden, siehe zum Beispiel Allgemeiner Deutscher Automobil Club (ADAC) [ADA18] oder Automobilclub von Deutschland (AvD) [AvD18]. Diese finden normalerweise auf abgesperrtem Gelände statt. Auf gesondert präparierten Straßenabschnitten werden herausfordernde Fahrsituationen wie die Beherrschung von Unter- oder Übersteuern geübt. Eine weitere Übungsmethode ist ein allgemeines Fahrertraining auf Rennstrecken, wobei die Vermittlung von Rennfahrertechniken im Vordergrund steht. Dies ist das gewählte Anwendungsgebiet dieser Arbeit. Bei dieser Art von Fahrertraining liegt der Fokus auf dem Erlernen der in Abschnitt 2.2.2 erläuterten Ideallinie, sowie auf einer „sauberen" Fahrweise, die sich unter anderem in ruhigen, aber effektiven Lenkbewegungen und einer gefühlvollen

© Springer Fachmedien Wiesbaden GmbH, ein Teil von Springer Nature 2019
S. Schacher, *Das Mentorensystem Race Trainer*, AutoUni – Schriftenreihe 141,
https://doi.org/10.1007/978-3-658-28135-9_6

Nutzung von Gas- und Bremspedal zeigt. Bei einem Rennstreckentraining werden Grenzsituationen zudem nicht künstlich und abrupt hervorgerufen, sondern der Fahrer erlebt durch eigene Aktionen den Übergang in den Grenzbereich der Fahrdynamik.

Zunächst soll die Gestaltung eines klassischen Rennstreckentrainings ohne Mentorensystem vorgestellt werden, das neben dem zentralen Fahrevent meistens noch aus einer vorgelagerten theoretischen Einweisung und einer abschließenden Nachbesprechung besteht. Abhängig vom Erfahrungsstand des Schülers kann die Gestaltung des Fahrevents variieren. Nach [Wal09] sind vier verschiedene Durchführungen üblich, in denen der Fahrer im direkten Austausch mit einem Fahrinstruktor ist:

• Der Schüler sitzt auf dem Beifahrersitz, der Instruktor fährt.

• Der Schüler fährt, der Instruktor fährt in einem weiteren Fahrzeug voraus.

• Der Schüler fährt, der Instruktor sitzt auf dem Beifahrersitz.

• Der Schüler fährt, der Instruktor beobachtet abseits von der Strecke.

Wie in [Wal09] diskutiert wird ist keine dieser Durchführungen ideal. Im ersten Modus kann der Instruktor zwar perfekt die Ideallinie und Fahrtechniken demonstrieren, der Schüler erlebt diese aber aus der passiven Perspektive des Beifahrers. Im zweiten Modus kann der Instruktor perfekt die Ideallinie demonstrieren, muss die Fahrtechnik aber bereits an das Können des hinterherfahrenden Schülers anpassen. Dieser kann durch den Abstand zum Vorderfahrzeug sowohl quer als auch längs von der Fahrweise des Instruktors abweichen. Bei den weiteren Durchführungen ist der Instruktor in seinem Einfluss auf die Fahrweise des Schülers beschränkt, er kann dem Schüler aber durch mündliche Hinweise die richtigen Fahrtechniken vermitteln und Hinweise geben. Bereits in [Wal09] kommt deswegen ein vollautomatisch fahrendes Fahrzeug zum Einsatz, da so dem Schüler eine genau gefahrene Ideallinie demonstriert werden kann, obwohl dieser hinter dem Lenkrad sitzt. Wie in Abschnitt 3.1.1 diskutiert, informiert das System den Fahrer auch während der manuellen Fahrt über Abweichungen von der Ideallinie mithilfe von LEDs und Lenkradvibrationen. Es erfolgten aber keine aktiven Eingriffe in die Fahrdynamik.

In dieser Arbeit wird dieses Szenario um kooperative Eingriffe in Lenkung, Gas- und Bremspedal erweitert. Ein Mentorensystem kann direkt in die Fahrdynamik eingreifen und dem Schüler kooperativ den Verlauf der Ideallinie zeigen. Der Fahrer behält immer einen direkten Bezug zu Lenkwinkel und Beschleunigungen. Da ein FAS der automatischen Fahrt zudem Geschwindigkeit und Fahrverlauf kontinuierlich überprüft, kann das Entstehen von kritischen Situationen minimiert werden, wodurch die Sicherheit eines Fahrertrainings steigt. In [NWS15] wird gezeigt, dass Probanden nach einem kooperativen Fahrertraining im Rückwärtseinparken einen nachhaltigen Lerneffekt auch in der manuellen Fahrt zeigen. Ein möglicher Effekt auf das Können des Fahrers durch ein kooperatives Fahrertraining auf der Rennstrecke wird im Anhang A.2 diskutiert, bei dem illustriert wird, wie ein besseres Bremsverhalten des Fahrers die Verkehrssicherheit steigern kann. Das Ziel des zu entwickelnden Mentorensystem ist es demnach, den Lerneffekt eines Rennstreckentrainings zu erhöhen. Damit dies erreicht wird, müssen bei der Auslegung viele Entscheidungen über das Trainingsdesign und die Interaktion mit dem Fahrer getroffen werden, die über die Vorgabe des Lernziels, der zeitoptimalen Fahrt, hinausgehen.

## 6.1.2 Designentscheidungen und gewünschtes Kooperationsverhalten

Die erste Designentscheidung ist der Aufbau des Fahrertrainings, welches sich hier ebenfalls aus einer theoretischen Einweisung, einem Fahrevent und einer anschließenden Auswertung zusammensetzt. Das Fahrevent besteht aus einer vollautomatischen Einführungsrunde, in der der Fahrer die Ideallinie erlebt, und wechselt anschließend in die kooperative Fahrt, für die das Kooperationsverhalten entsprechend zu entwerfen ist. In Kapitel 3.2.1 wurde dargestellt, dass das Ziel eines Mentorensystems keine klare Soll- oder Regelgröße bildet, sondern aus einer Kombination von verschiedenen Annahmen, Sollgrößen, Grenzwerten und Nebenbedingungen synthetisiert werden muss. Da das menschliche Fahrkönnen als eigentliche Regelgröße des Mentorensystems nicht messbar oder direkt beeinflussbar ist, wurden in Abbildung 3.4 neue Ersatz-Sollgrößen hergeleitet. Diese sind aufgeteilt in das kooperative Fahrertraining mit der Fahrt auf der Ideallinie und die Gewährleistung der Sicherheit durch starke Eingriffe in die Fahrdynamik in kritischen Situationen.

Das Kooperationsverhalten synthetisiert sich jedoch aus noch mehr als nur diesen neuen Sollgrößen. Wichtige Elemente ergeben sich aus [AMB12], wie in Kapitel 3.1 vorgestellt. Dort werden vier Empfehlungen für den Entwurf von kooperativer Assistenz vorgestellt, nach denen der Fahrer vom System nie überstimmt, immer eingebunden werden, ein eindeutiges Bild über die aktuelle Assistenzleistung haben muss, und von dieser profitieren soll. Der Vorteil für den Fahrer geht aus dem Ziel des Mentorensystems hervor und das eindeutige Bild über die Assistenzleistung wird durch eine kontinuierlich vorliegende Unterstützung gewährleistet. In der Querführung wird der Fahrer zudem nicht entkoppelt oder überstimmt. In der Längsführung kann dies aufgrund der haptisch eingeschränkten Schnittstelle jedoch nicht gewährleistet werden, weswegen das System jederzeit vom Fahrer deaktivierbar ist. Die Unterstützungsleistung wird zudem in diskreten und unterscheidbaren Stufen variiert. Weitere Designentscheidungen für die Umsetzung des Kooperationsverhaltens beruhen auf dem hier ausgearbeiteten Konzept

**Mentorensystem = Führung + Freiraum + Individualität + Sicherheit**

und der in Abschnitt 3.3.2 eingeführte Auslegungsraum der Kooperationstypen vereinfacht den Systementwurf. Zu Beginn des Trainings nutzt das System die stärkste Unterstützungsleistung vom Typ minimaler Kooperation, da der Kenntnisstand des Fahrers am geringsten sein wird (**Führung**). Mit steigendem Fahrkönnen wird die Unterstützungsleistung mit dem Ziel verringert, dass der Fahrer eigene Fahrerfahrungen und auch kleine Fahrfehler machen darf (**Freiraum**). Die Systemauslegung befindet sich dann im Bereich der reduzierten Kooperation und wechselt zuletzt beinahe in die maximale Kooperation, wodurch der Fahrer großen Freiraum erhält. Mit steigender Fahrerfahrung darf der Fahrer zudem schneller fahren. Damit die Limitierung der Geschwindigkeit möglich ist, muss der Fahrer, entgegen der Anforderung von [AMB12], in der Längsführung entkoppelt werden – seine Gaspedalstellung wird modifiziert. Das Mentorensystem wird jedoch so ausgelegt, dass der Fahrer immer eine langsamere Geschwindigkeit als von der Bahnplanung vorgeschlagen fahren kann. Das bedeutet, dass nie für den Fahrer beschleunigt und seine Bremsleistung nicht verringert wird, sodass er stärker als das FAS bremsen kann. Die Lenkunterstützung und die erlaubte

Geschwindigkeit können an den Erfahrungsgrad des Schülers **individuell** angepasst werden und ermöglichen somit eine optimale Trainingsprogression.

Mit steigender Progression wächst der Einfluss des Fahrers auf die gefahrene Trajektorie. In unkritischen Situationen sind die vom Fahrer eingebrachten Abweichungen vom optimalen Verlauf kein Widerspruch zum Trainingsziel. Damit der Fahrer immer einen direkten Bezug zwischen Fahrzeugdynamik und Lenkwinkel herstellen kann, wird dieser zudem nie entkoppelt. Aufgrund dieser Lenkarchitektur muss sich das System auf Abweichungen vom Fahrer einstellen. Dadurch kann es zu kritischen Fahrsituationen kommen. Für die Erhöhung des **Sicherheit**sniveaus wechselt das Mentorensystem dann zurück in die minimale Kooperation. Unabhängig vom aktuellen Unterstützungslevel wird dann stark in Lenkung und Bremse eingegriffen. Zusätzlich wird das Fahrzeug, über einen „Rückführungs-Zustand", nach einem Noteingriff zuerst zurück auf die Ideallinie geführt, bevor das Mentorensystem wieder in den vorherigen Unterstützungslevel übergeht. Die genaue Abstimmung und Ausgestaltung dieser Unterstützungslevel wird in Abschnitt 6.1.4 vertieft, nachdem zunächst die vom Versuchsfahrzeug bereitgestellten Assistenzmöglichkeiten aufgezeigt werden.

### 6.1.3 Versuchsfahrzeug und Assistenzstruktur

Das für diese Arbeit aufgebaute Fahrzeug ist der „Volkswagen Golf R Race Trainer", der unter anderem in [Har16], [Ngu16] und [Vol19] der Öffentlichkeit vorgestellt wurde[1]. Unter [Ngu16] ist ein Video abrufbar, welches ab Minute 4 das kooperative Fahrertraining zeigt. Es ist ein Fahrzeug der Kompaktklasse mit einer Motorleistung von 206 KW, einem Automatikgetriebe und adaptivem Allradantrieb. Mehrere Rechner und Echtzeitplattformen liefern zusätzliche Rechenleistung. Die Positionsbestimmung erfolgt mithilfe einer Differential-GPS-Inertialplattform, die alle 10 Millisekunden die aktuelle Fahrzeugposition und Beschleunigung ausgibt. Der Zugang zu den Bussystemen des Serienfahrzeugs ist freigegeben und wird von einem abschaltbaren Gateway reguliert. Damit aktive Eingriffe in die Fahrdynamik möglich sind, wurden das Gaspedal und die Software vom Bremsen- und Lenkungssteuergerät modifiziert. Durch den Verbau eines „Heads-Up-Display" ist die Einblendung von optischen Informationen im Sichtfeld des Fahrers möglich und über die Serienlautsprecher können akustische Hinweise eingespielt werden. Darüber hinaus kann auf dem Touchscreen des Radios ein eigenes Videosignal dargestellt werden. Dem Mentorensystems stehen durch diese Modifikationen mehrere Unterstützungskanäle zur Verfügung, wobei im Folgenden nur die direkten Eingriffe in die Fahrdynamik thematisiert werden. Im Anhang A.3 wird ein kurzer Überblick zu den optisch akustischen Unterstützungsmaßnahmen und zum Sicherheitskonzept gegeben.

Die Möglichkeiten zur Fahrerinteraktion in der kooperativen Fahrt sind von der verbauten Hardware und deren Ansteuerung abhängig. Die Möglichkeiten, einen Fahrer einzubinden,

---

1 Anmerkung: Die Presseveranstaltungen im Jahr 2016 wurden mit einer älteren Systemarchitektur in der Querführung durchgeführt. Die Regelungsstruktur der Längsführung entspricht bereits der hier vorgestellten.

**Abbildung 6.1:** Versuchsfahrzeug "Volkswagen Golf R Race Trainer"

wurden in Kapitel 3.1.3 diskutiert und es wurden die zentralen Unterschiede zwischen paralleler und serieller Anbindung des Fahrers erläutert. In diesem Abschnitt soll die Aktorik des Versuchsträgers genauer betrachtet werden, um herauszuarbeiten, welche Möglichkeiten dem Mentorensystem zur Verfügung stehen.

Das FAS kann die Lenkung über additive Lenkmomente $M_{Ext}$ ansprechen, die von dem selben Elektromotor erzeugt werden, der auch die Lenkunterstützung und weitere Lenkfunktionen $M_{LF}$ auf die Zahnstange aufbringt. Hier sind Fahrer und FAS parallel angeordnet, da die Lenkkräfte von Fahrer, Fahrfunktion und der übertragenen Reifenkräfte gemeinsam auf die Zahnstange einwirken. Die Assistenzstruktur in der Lenkung wurde in Abbildung 2.10 auf Seite 13 gezeigt. Der Fahrer hat durch die mechanische Anbindung zur Zahnstange eine direkte Rückmeldung zu den wirkenden Kräften. Das Lenkungssteuergerät kann im Allgemeinen mehr Kraft als ein normaler Fahrer aufbringen, rein theoretisch wäre der Fahrer hier in seinem Einfluss auf den Lenkwinkel entkoppelbar, er könnte dann aber durch extrem hohe Lenkmomente verletzt werden. Aus diesem Grund sind die Zusatzmomente vom FAS so abgestimmt, dass der Fahrer immer mit akzeptablem Kraftaufwand das System überstimmen kann.

Das Gaspedal weist hingegen eine komplett serielle Assistenzstruktur auf und ist auf das einfache Schaubild nach Abbildung 6.2 reduzierbar. Die vom Fahrer gewünschte Gaspedalstellung wird gemessen und von der Fahrfunktion ausgewertet. Diese hat volle Freiheit darüber, ob der Gaspedalwunsch vom Fahrer an das Motorsteuergerät weitergeleitet wird, oder ob sie einen eigenen, oder auch gar keinen Beschleunigungswunsch kommuniziert. Da im Versuchsträger kein aktives Gaspedal verbaut ist, merkt der Fahrer dies nur über die Fahrzeugdynamik.

**Abbildung 6.2:** Einbindung des Fahrers über das Gaspedal

Die Bremsaktorik zeigt eine Mischung aus serieller und paralleler Assistenzstruktur. Der Fahrer erzeugt über das Bremspedal einen Bremsdruck im System, den das ABS Steuergerät in vier Einzelbremsdrücke an die jeweiligen Radbremsen weiterleitet. Wie in Abbildung 6.3 visualisiert kann die Fahrfunktion über einen fahrzeuginternen Kommunikationsbus Einzelradbremsdrücke vom ABS-Steuergerät anfordern und ist dadurch im ersten Moment parallel zum Bremswunsch vom Fahrer eingebunden, weil dessen Signal nicht über die Fahrfunktion läuft. Der Fahrer ist im Prinzip aber trotzdem seriell eingebunden, weil, anders als beim Lenkrad, die Schnittstelle Bremspedal ihm keine Möglichkeit bietet, andere Einflüsse zu blockieren und zudem das ABS-Steuergerät entscheiden kann, ob es dem Bremswunsch vom Fahrer folgt. Dieses kann zum einen, wie bei einer ABS-Bremsung, den Bremsdruck im System reduzieren, oder auch erhöhen. Diese Eingriffe kann der Fahrer durch Druckveränderungen im Pedal spüren, jedoch nicht beeinflussen. Nach den Designentscheidungen des Mentorensystems wird der Fahrerbremsdruck, abseits von ABS-Bremsungen, nie reduziert. Fordert die Fahrfunktion jedoch höhere Bremsdrücke, werden diese an die Räder gesendet.

**Abbildung 6.3:** Einbindung des Fahrers im Bremssystem

Das Mentorensystem ist auch auf andere Fahrzeuge übertragbar. Bei Abweichungen von den vorgestellten Unterstützungsmöglichkeiten und Assistenzstrukturen müssen dann gegebenenfalls Abänderungen bei Regelungskonzept, Ansteuerung oder Abstimmung erfolgen.

### 6.1.4  Abstimmung des Mentorensystems

Das Mentorensystem nutzt eine Systemarchitektur nach Abbildung 3.13 von Seite 65, bestehend aus Bahnplanung, Regelung, Basisabstimmung von Eingriffsdominanz und Planungsadaption sowie der Eingriffsdominanzregelung. Für den Block „Einstellungen Mentorensystem" wird ein Zustandsautomat nach Abschnitt 5.3.3 eingesetzt, der mit den ausgearbeiteten Zielen für das Rennstreckentraining angepasst werden muss. In diesem Abschnitt folgt die Parametrierung der einzelnen Trainingslevel und zuletzt wird ein Ausblick über die zusätzlichen Herausforderungen der Bewertung des Fahrkönnens in der kooperativen Fahrt gegeben.

Gemäß der gewünschten Trainingsprogression soll der Zustandsautomat mehrere Abstimmungen der Teilsysteme bereitstellen. Es sind ein „Scouting"-Zustand zur vollautomatischen Vorführung des Kurses und drei Trainingslevel „Level 1" bis „Level 3" mit abnehmender Unterstützungsintensität umzusetzen. Zusätzlich soll ein „Rückführungs-Zustand" eine stabile Fahrt auf der Ideallinie nach einer kritischen Situation „Gefahr" wiederherstellen. Um die Transitionen zu regulieren wird ein Zustandsautomat nach Abbildung 6.4 mit den zusätzlich definierten Elementen

$$P_{\text{Init}} : (v_x = 0\text{m/s}) \tag{6.1}$$

$$f(d(t)) = \begin{cases} t & \text{für } |d(t)| > d_{\text{Rückführung}} \\ t_{\text{Rückführung}}^{\text{start}}(i) & \text{für } |d(t)| \leq d_{\text{Rückführung}} \end{cases} \tag{6.2}$$

$$P_{\text{Rückführung}} : \left( \left( t - t_{\text{Rückführung}}^{\text{start}}(i) \right) \geq t_{\text{Rückführung}} \right) \tag{6.3}$$

$$P_{\text{Krit}} : \left( S_{\text{Krit}} \geq S_{\text{Krit}}^{\text{Aktivierung}} \right) \tag{6.4}$$

eingesetzt. Das beste Regelungsergebnis ist im Modus „Scouting" erreichbar, da hier der Fahrer nicht eingebunden ist und mit hohen Lenkmomenten gearbeitet wird. Aus Sicherheitsgründen ist ein Wechsel zwischen den „Level" nicht während der Fahrt möglich. Um aus der vollautomatischen in die kooperative Fahrt zu wechseln, muss der Zustandsautomat bei stehendem Fahrzeug über die Bedingung $P_{\text{Init}}$ neu initiiert werden. Je nach gewähltem Unterstützungslevel $LVL \in [1, 2, 3, \text{SCOUT}]$ werden die zugehörigen Parameter gewählt. Die geringste Unterstützung erhält der Fahrer in „Level 3" und die stärkste im Zustand „Gefahr". Nach einer kritischen Situation landet das System immer im „Rückführungs-Zustand", der erst verlassen wird, wenn das Fahrzeug zwei Sekunden auf der Ideallinie geführt wurde. Diese Logik wird über das zusätzliche Eintrittsevent „entry" und die Dauerschleife „during" im Hauptzustand implementiert. Solange das Fahrzeug sich außerhalb des Abstandes $d_{\text{Rückführung}} = 1\text{m}$ bewegt, wird $t_{\text{Rückführung}}^{\text{start}}$ immer auf die aktuelle Zeit zurückgesetzt. Ist dies für zwei Sekunden nicht erfolgt, ist Bedingung $P_{\text{Rückführung}}$ erfüllt und es wird zurück in den normalen Trainingslevel gewechselt.

Für die Level werden drei unterschiedliche Assistenzabstimmungen benötigt. Für die Parameter der Querregelung wird sich an dem Aufbau eines traditionellen Fahrertrainings orientiert. Dort hat der Fahrer zu Beginn wenig oder keinen Einfluss auf die gefahrene Linie, da er passiv zuschaut oder hinter dem Instruktor fährt. Deswegen wird zunächst mit einer hohen Eingriffsdominanz und Planungsadaption gestartet, welches das Priorisieren der Systemziele bedeutet. Wenn der Fahrer die Ideallinie kennengelernt hat, kann die Unterstützungsleistung reduziert werden, damit der Fahrer eigene Erfahrungen bei der Linienwahl sammeln

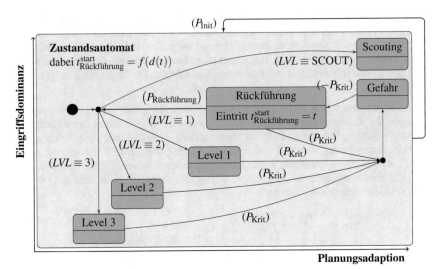

**Abbildung 6.4:** Zustandsautomat des Mentorensystems

kann. Die Parameter der Längsunterstützung richten sich nach allgemeinen Empfehlungen eines Handbuches für angehende Rennfahrer [Ben11]. Demnach soll zuerst das Herausbeschleunigen aus Kurven und anschließend das korrekte Bremsen in die Kurve vermittelt werden. Erst zuletzt sollte die maximale Querbeschleunigung erlaubt werden. Abbildung 6.5 zeigt die „g-g"-Muster von „Level 1", die eine geringe maximale Quer- und Längsbeschleunigung aufweisen und dadurch zu einer moderaten Trainingsgeschwindigkeit führen. Um den Fokus auf das Herausbeschleunigen zu legen, wird ein konvexes Profil für positive $a_x$ vorgegeben, während Verzögerungsmanöver einen näherungsweise linearen Verlauf zeigen. In „Level 2" werden insgesamt höhere Beschleunigungen erlaubt, wobei die größte Veränderung ebenfalls beim Herausbeschleunigen liegt. Die „g-g"-Muster von „Level 2" wurden bereits in Abschnitt 5.2.1 zur Erläuterung der kooperativen Längsdynamikregelung gezeigt, siehe Abbildung 5.6 auf Seite 90. Die Abstimmung von Trainings- und Sicherheitsgeschwindigkeit von „Level 3" zeigt letztlich auch für Bremsmanöver einen konvexen Verlauf. Abbildung 6.6 zeigt, dass auch die maximale Querbeschleunigung gesteigert ist.

Tabelle 6.1 fasst die Abstimmung der Trainingszustände zusammen. Die „g-g"-Muster im „Scouting" Modus sind hier nicht dargestellt, jedoch auf geringere Beschleunigungen als die von „Level 1" reduziert (†). Um das beste Regelungsergebnis zu erhalten, ist die Neuplanung von Rückführtrajektorien in der vollautomatischen Fahrt ausgeschaltet. Die Bahnfolgeregelung nutzt dann die statische Ideallinie als Zieltrajektorie. „Level 1" zeigt starke Lenkmomente, vollen Vorsteueranteil, eine kurze Rückführdistanz und eine mittlere Geschwindigkeit. „Level 2" reduziert die maximalen Lenkmomente um mehr als die Hälfte und nutzt keine Vorsteuerung in der Lenkwinkelregelung. Der Fahrer erhält so deutlich mehr Freiraum und Eigenanteil in der Lenkung. Der Lenkeinfluss in „Level 3" ist beina-

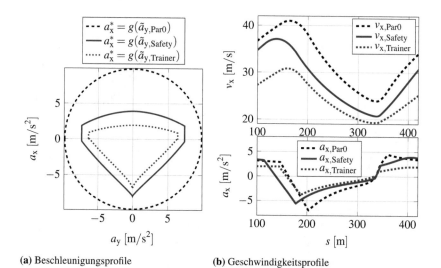

(a) Beschleunigungsprofile    (b) Geschwindigkeitsprofile

**Abbildung 6.5:** Trainings- und Sicherheitsprofil des ersten Trainingslevels

he zu null reduziert und dem Fahrer werden große Abweichungen von der Referenzlinie und die höchste Geschwindigkeit erlaubt. Besonderheiten sind für die Zustände „Gefahr" und „Rückführung" zu erwähnen (‡). Für letztere wird kein eigenes Geschwindigkeitsprofil definiert, sondern es bleibt das aktuelle Level gültig.

**Tabelle 6.1:** Abstimmung der Trainingslevel

| Zustand | Rückführung $k_{dyn} =$ | Saturierung $M_{Mentor}^{SAT,ED} =$ | Vorsteuerung $k^{OL,ED} =$ | P-Anteil $k_{e_\delta}^{ED} =$ | „g-g"-Muster $v_{x,Trainer}$ |
|---------|-----------|------------|-------------|----------|--------------|
| Scouting | siehe Text † | ±2,8 Nm | 1 | 9 Nm/rad | siehe Text † |
| Level 1 | 0,9 | ±2 Nm | 1 | 8 Nm/rad | Abbildung 6.5 |
| Level 2 | 0,5 | ±0,8 Nm | 0 | 5 Nm/rad | Abbildung 5.6 |
| Level 3 | 0,1 | ±0,2 Nm | 0 | 4 Nm/rad | Abbildung 6.6 |
| Gefahr | 1 ‡ | ±2,8 Nm | 1 | 9 Nm/rad | siehe Text ‡ |
| Rückführung | 0,7 | ±2 Nm | 1 | 8 Nm/rad | siehe Text ‡ |

### 6.1.5 Versuchsdurchführung und Aspekte der Fahrerbewertung

Im Forschungsprojekt „Volkswagen Golf R RaceTrainer" werden die Versuche immer von einem geschulten Versuchsleiter auf dem Beifahrersitz begleitet. Dieser kann das Trainingslevel auswählen, welches für den Fahrer angemessen ist. Nach einer vollautomatischen „Scouting"-Runde, starten die meisten Fahrer in „Level 1" und erhalten dadurch eine sehr

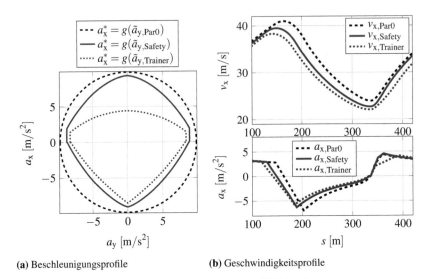

**(a)** Beschleunigungsprofile　　　　　　**(b)** Geschwindigkeitsprofile

**Abbildung 6.6:** Trainings- und Sicherheitsprofil des dritten Trainingslevels

starke Lenk- und Bremsunterstützung. Der Versuchsleiter muss kontinuierlich einschätzen, ob ein Wechsel in die nächste Trainingsstufe sinnvoll ist. Wählt der Versuchsleiter einen zu hohen Level, kann das Trainingsergebnis leiden und die Wahrscheinlichkeit für gefährliche Situationen wächst, da der Fahrer einen größeren Einfluss erhält. Der Versuchsleiter kann zur besseren Anpassung an den Fahrer die Quer- und Längsunterstützung separat steigern. Für ungeübte Fahrer ist dadurch eine Kombination der Querunterstützung von „Level 3" unter der niedrigen Geschwindigkeit der „g-g"-Muster von „Level 1" möglich. Durch die reduzierte Geschwindigkeit bleibt das Gefährdungspotential kleiner. Die Einschätzung des angemessenen Trainingslevels wird durch die aktiven Eingriffe in Lenkrad, Gas- und Bremspedal erschwert. Für den Versuchsleiter ist es nicht sofort ersichtlich, ob der Fahrer gut fahren kann, oder ob dies das Mentorensystem leistet. Der Fahrer braucht in „Level 1" keine Eingriffe in Lenkung und Bremse vorzunehmen, denn das Fahrzeug fährt von alleine mit geringer Abweichung entlang der Ideallinie. Bleibt der Fahrer konstant auf dem Gaspedal, sorgt das System automatisch dafür, dass vor Kurven ausreichend abgebremst wird. Da harmonische Bremsmanöver eingeregelt werden, entsteht der Eindruck einer sauberen Fahrweise, obwohl der Fahrer keinen Einfluss hatte. Auf der anderen Seite kann eine langsame Geschwindigkeit sowohl durch fehlende Erfahrung und Angst, als auch durch das vorsichtige Herantasten eines guten Fahrers motiviert sein. Vorsichtiges Fahren ist demnach nicht gleichbedeutend mit einem unerfahrenen Fahrer.

In Kapitel 7 wird ein Ausblick auf die Regelung des Fahrertalents gegeben, das eine Möglichkeit zur automatisierten Bewertung des Fahrkönnens erfordert. Das Mentorensystem hat dafür die Möglichkeit, den Anteil des Fahrers in Lenksystem und Antriebsstrang quantifizieren zu können und mit der geleisteten Fahrunterstützung zu vergleichen. Es folgen einige Gedanken zu Möglichkeiten der automatisierten Bewertung. Diese wurden jedoch nicht weiter evaluiert und dienen nur als Ausblick. Um einzuschätzen, ob der Fahrer oder das Mentorensystem ein sauberes Lenkverhalten in der Kurve gezeigt hat, lassen sich beispielsweise Kreuzkorrelationen zwischen dem Lenkmoment vom Fahrer, Assistenzmoment von der Funktion und der lateralen Abweichung bilden. Hält der Fahrer das Lenkrad nur fest und lässt sich mitführen, entsteht eine negative Korrelation zwischen seinem und dem Assistenzmoment. Hat dieser aktiv mit in die Kurve gelenkt, ist die Korrelation positiv. Lenkt der Fahrer zu früh in die Kurve, entsteht wieder eine negative Korrelation, denn das Assistenzmoment arbeitet in die gegenläufige Richtung. In dieser Situation hilft der laterale Fehler, um zu überprüfen, welche Ursache diese negative Korrelation hat. Für die Bewertung der kooperativen Längsführung können der Bremsdruck vom Fahrer und der Bremswunsch vom FAS miteinander verglichen werden und in Relation zu den gemessenen Quer- und Längsbeschleunigungen gesetzt werden. So ist die Ursache für unvorteilhafte Bremseingriffe herstellbar. Wichtig ist hier, dass nur dann verwertbare Informationen über den Fahrer entstehen, wenn dieser überhaupt bremst.

## 6.2 Versuchsfahrten und Regelungsergebnisse

In diesem Abschnitt wird das umgesetzte Mentorensystem anhand von durchgeführten Versuchsfahrten diskutiert. Wichtige Messgrößen einer semi-automatischen Fahrt werden mit einer Versuchsfahrt eingeführt, zu der frei verfügbares Videomaterial existiert. Daraufhin werden zentrale Elemente wie die Planungsadaption und die Regelgüte diskutiert. Anschließend wird ein Vergleich zwischen drei unterschiedlich geübten Fahrern gezogen, um zuletzt die Kritikalitätsbewertung und Eingriffsdominanzregelung des Mentorensystems zu betrachten.

### 6.2.1 Messgrößen der semi-automatischen Fahrt

Zunächst werden die wichtigsten Kenngrößen des Mentorensystems mit einer Messung auf einer Teststrecke im Volkswagen Prüfgelände Ehra-Lessien eingeführt [Vol84, Vol18]. Für zusätzliches Verständnis existiert zu der gezeigten Messung frei zugängliches Videomaterial, das unter [Ngu16] abrufbar ist. Das Video aus dem Jahr 2016 verwendet eine ältere Regelungsstruktur. Die Regelungsstruktur der Querführung weicht von der in Abschnitt 5.1 vorgestellten ab. Die Rückführtrajektorien wurden mit anderen Eigenschaften erzeugt und die Bahnfolgeregelung wurde nicht mit einem MPC, sondern einem Ansatz aus Vorsteuerung und PD-Regelung umgesetzt. Diese wird nicht genauer vertieft, da es für die Vorstellung der Messgrößen unerheblich ist. Die Längsdynamikregelung entspricht hingegen bereits der hier vorgestellten Struktur. Die Messung eignet sich deswegen zur späteren Analyse der Längsdynamikregelung. Abbildung 6.7 zeigt die Teststrecke, in der die Streckenmeter $s$ mit schwarzen Kreisen hervorgehoben sind und daneben die Kurvenkrümmung $\kappa_R$.

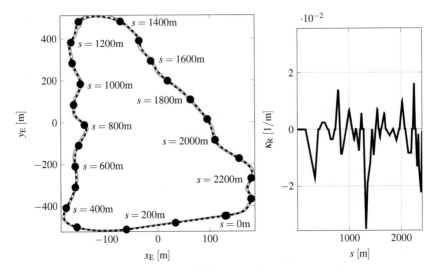

**Abbildung 6.7:** Teststrecke im Prüfgelände Ehra-Lessien

Abbildung 6.8 visualisiert die erste vollautomatische „Scouting" Runde des zugehörigen Videos. Gezeigt sind die Querablage und die Fahrgeschwindigkeit, die nicht über der Zeit, sondern über den Weg $s$ entlang der Referenzlinie aufgetragen sind. Dies ermöglicht eine bessere Vergleichbarkeit mehrerer Messungen, da die Zeit abhängig von der gefahrenen Geschwindigkeit wäre und zudem in der Streckenübersicht in Abbildung 6.7 die Positionsmarker eingezeichnet sind. Der Referenzwert der Querablage $d_{ref}$ ist per Definition durch das Frenet-Koordinatensystem immer null und positive Werte bedeuten eine laterale Abweichung nach links. Das untere Diagramm zeigt die tatsächlich gefahrene Geschwindigkeit $v_x$ gegenüber dem vorgegebenen $v_{x,Trainer}$. In der „Scouting" Runde ist die Geschwindigkeit auf 80 km/h beschränkt.

Die zweite Runde des Versuches im zugehörigen Video findet im „Level 1" statt und soll anhand eines Detailausschnitts analysiert werden. Abbildung 6.9 zeigt den diskutierten Streckenabschnitt. Der abgebildete Streckenmeter $s = 1100\,$m korrespondiert mit der 6:13-Minuten Marke im Video und der Streckenmeter $s = 1600\,$m in Abbildung 6.9 entspricht der 6:38-Minuten Marke dieser „Level 1" Fahrt, deren gemessener Fahrverlauf durchgängig und grün eingezeichnet ist. Abbildung 6.10 zeigt Querablage und Fahrgeschwindigkeit für diesen Streckenausschnitt. In dem zugehörigen Video ist zu sehen, dass der Fahrer bei Einfahrt in die Spitzkehre das Lenkrad nur locker festhält und nicht genügend selber lenkt. Dadurch entsteht bei $s = 1300\,$m ein Fehler von $d = 1\,$m. Bei $s = 1600\,$m kommt es zu einer noch größeren Abweichung von $d = 1.3\,$m, die an dieser Streckenposition jedoch unwichtig ist: Aufgrund der moderaten Geschwindigkeit in „Level 1" braucht das Fahrzeug hier nicht die volle Streckenbreite und der Fahrer lenkt früher auf die Gerade. Das untere Diagramm ist mit zusätzlichen Informationen der „Level 1"-Fahrt erweitert, da in diesem „Le-

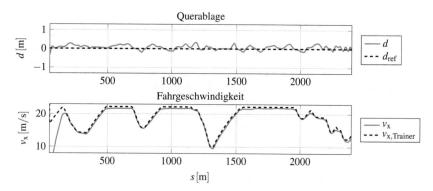

**Abbildung 6.8:** Querablage und Geschwindigkeit der „Scouting"-Runde

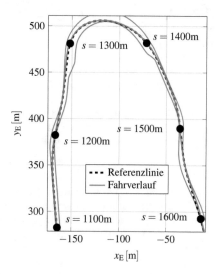

**Abbildung 6.9:** Fahrverlauf „Level 1" Runde

vel" zwei Längsdynamikregler nach Abschnitt 5.2.2 aktiv sind. Die dem Fahrer empfohlene Geschwindigkeit ist $v_{x,\text{Trainer}}$, das Sicherheitsprofil entspricht $v_{x,\text{Safety}}$ und das Maximalprofil entlang der Referenzlinie ist durch $v_{x,\text{Par0}}$ abgebildet. Das Profil $v_{x,\text{Trainer}}$ ist maßgebend für das akustische Signal an den Fahrer sowie die Beschränkung des Gaspedalwunsches und ist auch Basis für die moderat beginnende Zusatzbremsung. Das als Sicherheitsgrenze agierende Geschwindigkeitsprofil $v_{x,\text{Safety}}$ wird in diesem Beispiel nicht benötigt.

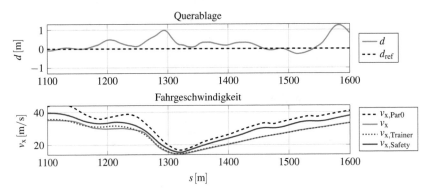

**Abbildung 6.10:** Querablage und Geschwindigkeit der „Level 1"-Runde

Abbildung 6.11 zeigt Kenngrößen der Querregelung des Versuchs. Oben ist die gemessene Querbeschleunigung $a_y$ und die Referenzbeschleunigung aufgetragen. Die Referenzbeschleunigung wird aus der Kurvenkrümmung und Geschwindigkeit über

$$a_{y,\text{ref}} = \kappa_R \cdot v_{x,\text{Trainer}}^2 \qquad (6.5)$$

berechnet und dient als optische Referenz. Die maximalen Querbeschleunigungen liegen in dieser Messung bei $|a_y| = 7.5\,\text{m/s}^2$ und die Messung weicht nur wenig von der Referenz ab. Im mittleren Diagramm ist das Ergebnis der Lenkwinkelregelung durch den Vergleich von Soll-Radlenkwinkel $\delta_{v,\text{ref}}$ und Ist-Lenkradwinkel $\delta_H^*$ gezeigt. Der geforderte Radlenkwinkel $\delta_{v,\text{ref}}$ ist mit der Lenkübersetzung $i_l$ zur besseren Darstellung in Lenkradkoordinaten umgerechnet. Die Abweichungen vom Soll-Lenkwinkel lassen sich durch die Fahrerinteraktion erklären. Die entsprechenden Momente im Lenksystem sind unten abgebildet. Wie eingangs erwähnt hält der Fahrer in diesem Streckenabschnitt das Lenkrad passiv fest und erzeugt dadurch ein Lenkmoment $M_{\text{TStat}}$, das dem additiven Assistenzmoment vom Mentorensystem $M_{\text{Mentor}}$ entgegenwirkt. Es ist zu beachten, dass das Moment vom Fahrer $M_H \approx M_{\text{TStat}}$ mit einer anderen Übersetzung auf die Zahnstange wirkt als das Moment vom Mentorensystem $M_{\text{Mentor}}$ und zudem das zusätzlich wirkende Assistenzmoment der Lenkfunktionen $M_{\text{LF}}$ nicht als Messwert existiert. Um trotzdem die Zusammenhänge zu illustrieren, werden die bekannten Momente normalisiert: Das Handmoment wird auf das maximal messbare

Moment $M_{\text{Tstat,max}}^{\text{Messung}}$ des Torsionsstabs normiert und der Wunsch der Fahrfunktion wird auf das Nennmoment vom Elektromotor $M_{\text{EPS}}^{\text{Nenn}}$ bezogen und durch

$$M_{\text{Tstat}}^{\text{norm}} = \frac{M_{\text{Tstat}}}{M_{\text{Tstat,max}}^{\text{Messung}}} \tag{6.6}$$

$$M_{\text{Mentor}}^{\text{norm}} = \frac{M_{\text{Mentor}}}{M_{\text{EPS}}^{\text{Nenn}}} \tag{6.7}$$

berechnet. Die Momente sind deswegen nicht direkt vergleichbar. Durch die normierte Darstellung lassen sich Zusammenhänge jedoch illustrieren. An diesem Plot ist auch zu erkennen, dass der Fahrer ab $s = 1500\,\text{m}$ anfängt aktiv zu lenken. Bis dahin besteht eine negative Korrelation zwischen den Momenten, da der Fahrer durch das passive Festhalten ein gegenläufiges Moment erzeugt. Durch das aktive Lenken entsteht zunächst eine positive Korrelation: Fahrer und FAS lenken in dieselbe Richtung. Um die sich aufbauende Querablage zu reduzieren, verringert die Fahrfunktion zunächst ihr Moment und arbeitet anschließend sogar dem Fahrer entgegen.

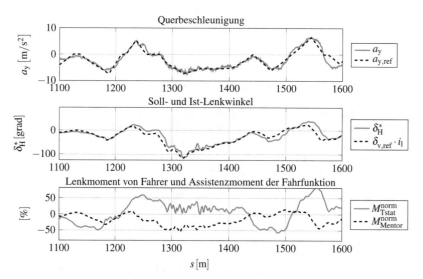

**Abbildung 6.11:** Querbeschleunigung, Lenkwinkelregelung und Lenkmomente

Abbildung 6.12 zeigt die Längsbeschleunigung, die Ansteuerung des Gaspedals und den Bremsdruck. Gaspedalstellung und Bremsdruck sind die Stellgrößen der Geschwindigkeitsregelung und es gibt keinen weiteren inneren Regelkreis, der vom Mentorensystem berücksichtigt wird.

Im oberen Diagramm ist zu erkennen, dass die gemessene Beschleunigung $a_{\text{x}}$ in der ersten Hälfte der Messung von der Beschleunigungsempfehlung $a_{\text{x,Trainer}}$ abweicht. In der zweiten

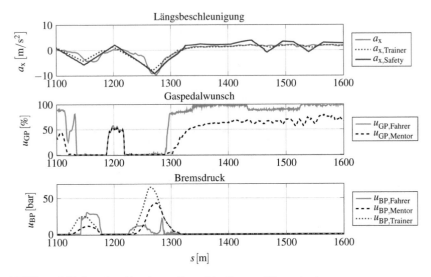

**Abbildung 6.12:** Längsbeschleunigung, Gaspedalstellung und Bremsdruck

Hälfte ab $s = 1300\,\text{m}$ wird diese hingegen sehr gut getroffen. Der Grund dafür ist in der mittleren Darstellung zu finden, in der der Gaspedalwunsch vom Fahrer $u_{\text{GP,Fahrer}}$ und das Kommando ans Motorsteuergerät der Fahrfunktion $u_{\text{GP,Mentor}}$ aufgetragen ist. Ab $s = 1300\,\text{m}$ möchte der Fahrer zu viel Gas geben und wird von der Fahrfunktion auf das Trainingsprofil beschränkt, das dadurch exakt geregelt wird. In dem Bereich um $s = 1200\,\text{m}$ hingegen ist das Fahrzeug langsamer als das Trainingsprofil und der Beschleunigungswunsch wird unmodifiziert durchgegeben. Das untere Diagramm zeigt den Bremsdruck in [bar]. Wie in Abschnitt 6.1.3 beschrieben wurde, wirkt auf das Fahrzeug immer das Maximum des Bremsdrucks vom Mentorensystem $u_{\text{BP,Mentor}}$ oder vom Fahrer $u_{\text{BP,Fahrer}}$. Zusätzlich ist hier das zum Trainingsprofil gehörende $u_{\text{BP,Trainer}}$ eingezeichnet, das nicht direkt an das Fahrzeug kommandiert wird, aber nach Gleichung (5.9) die moderat ansteigende Bremsung bestimmt. Außerdem wird anhand $u_{\text{BP,Trainer}}$ die akustische Bremsaufforderung an den Fahrer berechnet, sodass dieser einen konstanten Ton hört, solange ein positiver Wert besteht. Bei dem ersten Ausschlag bremst der Fahrer erst nachdem das Mentorensystem den Bremsvorgang einleitet und verzögert das Fahrzeug dann zu stark. Beim zweiten Anstieg ist die Reihenfolge umgekehrt und der Bremsdruck des Mentorensystems steigt innerhalb des Transitionsintervalls $\Delta t_{\text{Trainer}}^{\text{Intervall}}$ auf den vollen Bremswunsch des Trainingsprofils. Diese Messung zeigt, wie unterschiedlich die Interaktion mit dem Fahrer sein kann. Da dies eine systematische Auswertung erschwert, wird zunächst die Planungsadaption und Regelgüte anhand von Messungen ohne Fahrerinteraktion besprochen.

### 6.2.2 Planungsadaption und Regelungsgenauigkeit

Die Planungsadaption in der Längsdynamik wird anhand der Messungen aus dem vorherigen Abschnitt 6.2.1 erläutert. Wie erwähnt wurde, entsprach die Architektur der Längsdynamikregelung bei dem beschriebenen Versuch bereits der in dieser Arbeit gezeigten. Abbildung 6.13 zeigt die aufgezeichneten Längs- und Querbeschleunigungsverläufe $a_x$ und $a_y$ im „g-g"-Diagramm aus der „Scouting"-und der „Level 1"-Fahrt auf dem Streckenabschnitt aus Abbildung 6.9. Der schwarz gestrichelte äußere Kreis in Abbildung 6.13 (a) zeigt erneut das fahrphysikalische Maximum des Fahrzeugs und die „g-g"-Muster der Planungsadaption im „Scouting"-Modus liegen übereinander, während diese in der Messung der „Level 1"-Fahrt in Abbildung 6.13 (b) unterschiedlich sind, um getrennte Trainings- und das Sicherheitsprofile zu erzeugen. Der jeweils hellgrün eingezeichnete Verlauf des gemessenen Beschleunigungstupels $(a_y, a_x)$ folgt dem Verlauf in Abbildung 6.13 (a) beinahe exakt, da die Quer- und Längsregelung nicht durch den Fahrer beeinflusst wurde. Die Messdaten in Abbildung 6.13 (b) weichen vom Trainingsprofil ab, liegen aber trotz des Fahrereinflusses nah an den gesetzten Grenzen und bleiben somit der Charakteristik des „g-g"-Musters treu.

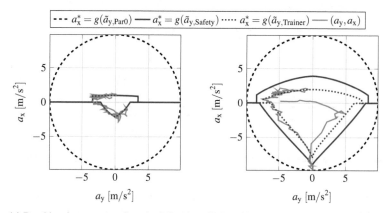

(a) Beschleunigungen der „Scouting"-Runde  (b) Beschleunigungen der „Level 1"-Runde

**Abbildung 6.13:** Regelgüte bezogen auf die Planungsadaption in der Längsdynamik

Ohne Fahrerinteraktion sind die gemessenen Beschleunigungstupel $(a_y, a_x)$ von der Genauigkeit der Längsdynamikregelung abhängig. Abbildung 6.8 zeigte bereits den vom Fahrer ungestörten Verlauf einer „Scouting"-Runde, der insbesondere für die wichtigen Bremsvorgänge ein gutes Folgeverhalten aufweist. Abbildung 6.14 zeigt den Geschwindigkeitsfehler nach Gleichung (2.99) und die zugehörigen Stellgrößen Gaspedalstellung und Bremsdruck an zwei Stellen dieser Messung. Links ist ein Streckenabschnitt mit starker Verzögerung gezeigt, in dem der Regler eine sehr geringe Abweichung von $|e_{v_x}| \leq 0.25\,\text{m/s}$ erreicht. Die Regelung bei Bremsvorgängen ist demnach sehr gut. Der danach ansteigende Geschwindigkeitsfehler beim Erreichen der Geschwindigkeitsgrenze von $80\,\text{km/h}$ der „Scouting"-Runde ist auf eine suboptimale Umsetzung dieser virtuellen Beschränkung zurückzuführen. Dieses

Verhalten ist in der Messung der „Level 1"-Runde aus Abbildung 6.10 nicht zu beobachten. Hier ist die Regelgüte auch beim Beschleunigen sehr gut. Auf dem rechts dargestellten letzten Streckenstück kann der Längsregler dem schnellen Wechsel aus Beschleunigen und Bremsen nicht exakt folgen, hier würde sich eine Überarbeitung des Geschwindigkeitsprofils anbieten. Bei normalen Kurvenverläufen ist die Regelgüte bei Bremsvorgängen aber als gut zu bewerten und ist damit geeignet, um eine Referenzgeschwindigkeit dem Fahrer vorzuführen.

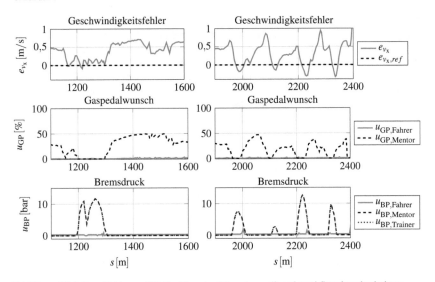

**Abbildung 6.14:** Regelfehler und Stellgrößen der Längsdynamik auf zwei Streckenabschnitten

Die Diskussion der lateralen Planungsadaption und die Auswertung der maximalen Performance der Querdynamikregelung erfolgt auf einer anderen Versuchsstrecke, da hier eine kompakte Kurvenabfolge mit stark variierenden Kurvenkrümmungen zu finden ist, die den Regler besonders herausfordern. Viele Versuchsfahrten wurden auf der Rennstrecke Autodrom Most durchgeführt [Aut18]. Die Abbildung 6.15 zeigt links einen Ausschnitt des Rundkurses und rechts die Kurvenkrümmung $\kappa_R$.

Auf diesem Streckenabschnitt soll der Effekt der Planungsadaption vorgestellt werden, um den Unterschied für den Querregler zwischen einer „Level 3"-, einer „Level 1"- und einer „Scouting"-Runde aufzuzeigen. Abbildung 6.16 zeigt dreimal die gleiche Ausgangssituation mit ansteigender Rückführdynamik. Das Fahrzeug (schwarzer Punkt) befindet sich $d_0 = 2.7\,\mathrm{m}$ links neben der schwarz gestrichelten Ideallinie. Die grüne Linie zeigt die geplante Relativtrajektorie und die blauen Kästchen die vom Model Predictive Controller (MPC) prädizierten Fahrzeugpositionen. Die eingezeichneten MPC-Zustände visualisieren den Pfad, den der Bahnfolgeregler in dieser Situationen abfahren möchte. Ganz links ist die

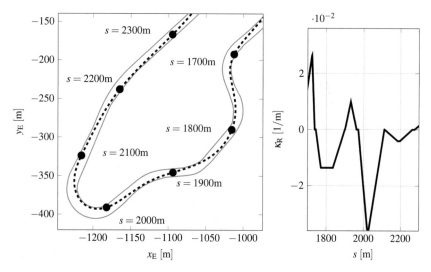

**Abbildung 6.15:** Ausschnitt der Rennstrecke Autodrom Most [Aut18]

Trajektorie mit $k_{dyn} = 0,1$ („Level 3") geplant und erlaubt dem Fahrer, die gesamte Streckenbreite auszunutzen. Der Freiraum für den Fahrer wird durch die Trajektorie in der mittleren Darstellung stärker eingeschränkt, da die mit $k_{dyn} = 0,9$ („Level 1") geplante Trajektorie schnell auf die Ideallinie zurückführt. Dass für die mittlere Trajektorie fast das volle Potential der Fahrzeugdynamik ausgenutzt wird, zeigt der Vergleich mit dem rechts daneben gezeigten reinen MPC-Verlauf ohne Relativtrajektorie. Ein reiner MPC-Verlauf entspricht der Planungsadaption im Modus „Scouting", wo keine Abweichungen vom Fahrer berücksichtigt werden. Der Bahnfolgeregler erhält hier direkt die Referenzlinie als Sollgröße. Die MPC-Zustände markieren demnach die maximale Ausnutzung der Reifendynamik und zeigen, wie nah die mit $k_{dyn} = 0,9$ geplante Relativtrajektorie am fahrdynamischen Maximum liegt. Erst am Ende weichen diese signifikant voneinander ab, da die Relativtrajektorie sauber auf die Referenzlinie zurückführt, während die Zustände der Bahnfolgeregelung zu spitz auf die Referenzlinie führen und diese überschießen würden. Dies tritt in der „Scouting" Runde aber praktisch nicht auf, da es keinen Einfluss vom Fahrer gibt und der Bahnfolgeregler durch Nutzung der maximalen Eingriffsdominanz keine großen Querablagen aufbaut, wie im Folgenden gezeigt wird.

Zur Auswertung der maximalen Regelungsgenauigkeit zeigt Abbildung 6.17 eine Messfahrt mit den Parametern einer „Scouting"-Runde, in der es zu keiner nennenswerten Querablage kommt. Diese Parametrierung entspricht der vollautomatischen Fahrt, die dem Fahrer in der Einführungsrunde die Strecke und den Verlauf der Ideallinie demonstriert. Hier werden die höchsten Anforderungen an die Regelungsgenauigkeit gestellt. Insbesondere die Querablage sollte möglichst gering sein, damit der Fahrer den korrekten Trajektorienverlauf kennen lernt.

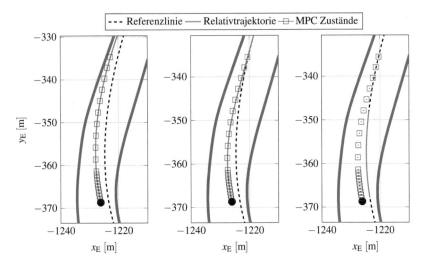

**Abbildung 6.16:** Variation der Planungsadaption: „Level 3", „Level 1" und „Scouting"

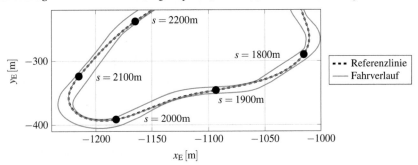

**Abbildung 6.17:** Detailplot von Most mit eingezeichnetem Verlauf einer „Scouting"-Runde

Abbildung 6.18 zeigt die Genauigkeit der Regelung in der vollautomatischen Fahrt. Der Bahnfolgeregler erhält die unveränderte Referenzlinie als Sollgröße wie in Abbildung 6.16 rechts. Dies verbessert die Spurführung, da auf den Regler keine zusätzlichen Einflüsse von der Bahnplanung einwirken. Gezeigt sind Messgrößen der Querdynamik: die Querablage, die Querbeschleunigung und der Lenkwinkel. Die Querablage im ersten Diagramm $d$ liegt die ganze Zeit innerhalb von $\pm 0,3\,\mathrm{m}$ und zeigt, dass der MPC auch bei hohen Querbeschleunigungen von bis zu $8\,\frac{\mathrm{m}}{\mathrm{s}^2}$ ein sehr gutes Regelungsergebnis aufweist. Im Diagramm darunter ist die Querbeschleunigung $a_y$ und die Referenzquerbeschleunigung $a_{y,\mathrm{ref}}$ nach Gleichung (6.5) aufgetragen. Der Regler zeigt ein gutes Folgeverhalten und nur kleine Oszillationen bei hohen Querbeschleunigungen. Anders als in der „Level 1"-Fahrt aus Abbildung 6.11 wird der Lenkwinkelregler nicht vom Fahrer beeinflusst und zeigt im unteren Diagramm ein gutes Folgeverhalten. Für die vollautomatische Fahrt ohne Fahrer ist die Performance des Gesamtsystems als gut zu bezeichnen, da die Querabweichungen innerhalb der Messgenauigkeit der Inertialplattform von $\pm 30\,\mathrm{cm}$ liegen. Die exakte Vorführung der Ideallinie im „Scouting" Modus wird mit dieser Regelungsgenauigkeit möglich. Die Abweichungen sind so gering, dass keine Relativtrajektorien geplant werden müssen.

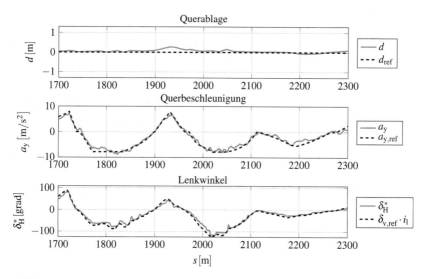

**Abbildung 6.18:** Vollautomatische Fahrt ohne Fahrerinteraktion

Die Regelgüte in der Längs- und Querdynamik ist in der „Level 1"-Runde aus Abbildung 6.10 grundsätzlich schlechter. Dies erhält keine vertiefte Analyse, da der Einfluss vom Fahrer nicht vorausberechnet werden kann. Allgemein werden die Querablage und der Geschwindigkeitsfehler mit Reduzierung der Eingriffsdominanz größere Werte annehmen. Dies ist aufgrund des Leitmotivs „Der Fahrer ist (k)eine Störgröße" kein Widerspruch zu den Zielen des Mentorensystems und wird nicht genauer analysiert. Bei zu großen Abweichungen greifen zudem die Sicherheitsfunktion ein, die im übernächsten Abschnitt 6.2.4 evaluiert werden. Wie unterschiedlich die Aktionen vom Fahrer ausfallen können und wie der Fahrer durch die gezielte Reduktion der Eingriffsdominanz mehr Verantwortung und Beitrag am Fahrgeschehen erhält, zeigt der nachfolgende Abschnitt.

### 6.2.3 Semi-automatisches Fahrertraining

Die im Folgenden beschriebenen Versuchsfahrten wurden auf der Rennstrecke autódromo internacional algarve in Portimao durchgeführt [Par18]. Abbildung 6.19 zeigt einen Ausschnitt dieses Rundkurses, der ein nennenswertes Höhenprofil aufweist. Unter dem Krümmungsverlauf der Referenzlinie $\kappa_R$ ist das Höhenprofil „Altitude" in Metern über dem Meeresspiegel aufgezeichnet. Die erste Rechtskurve bei $s = 3100$m befindet sich demnach auf einem Plateau, anschließend geht es fünfzehn Meter runter, bevor es zur nächsten engen Linkskurve wieder bergauf geht. Trotz des deutlichen Höhenprofils sind die Kurven nur wenig geneigt. Lediglich die langgezogene Linkskurve bei $s = 3300$m ist eine leichte Steilkurve und reduziert damit die Tendenzen ins Kurvenäußere gedrückt zu werden.

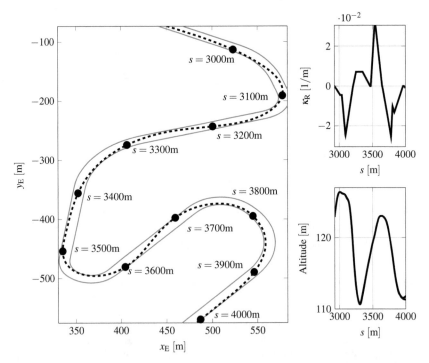

**Abbildung 6.19:** Ausschnitt der Rennstrecke autódromo internacional algarve mit Höhenprofil der Ideallinie

Das Fahrertraining soll Personen mit unterschiedlichem Vorwissen den Verlauf einer Ideallinie und Techniken von Rennfahrern beibringen. Wie gut das mit dem vorgestellten System
möglich ist, zeigen Abbildung 6.20 und 6.21 für drei unterschiedlichen Personen in der kooperativen Fahrt. Abbildung 6.20 zeigt für alle drei Kandidaten die allererste Runde auf der
Versuchsstrecke, wobei diese durch die hohe Eingriffsdominanz von „Level 1" unterstützt
werden. Es fällt auf, dass für alle drei Fahrer eine gute Linienführung resultiert, mit dem
besten Ergebnis für Fahrer 3. Selbst der in Relation schlechteste Fahrer 1 bleibt, trotz zu
frühem Einlenken und einer Fehlinterpretation des ersten Kurvenausgangs (gezeigt im Detailausschnitt oben rechts), nah an der Referenzlinie und damit nah an einer guten Fahrweise
für diese Rennstrecke. Das Mentorensystem bringt den Fahrer mit starken Lenkmoment auf
die Referenzlinie. Abbildung 6.21 zeigt den Fahrverlauf der drei Fahrer bei der reduzierten Unterstützung in „Level 2". Das Gesamtbild bleibt ähnlich und für alle drei Fahrer, in
Anbetracht ihrer erst zweiten Runde, gut. Fahrer 1 variiert die erste Kurvenanfahrt, trifft
diesmal aber den Ausgang besser. Für Fahrer 2 verstärken sich leider die Tendenzen, sich in
den Kurven zu weit nach außen tragen zu lassen, es entstehen dadurch aber keine kritischen
Situationen. Fahrer 3 zeigt ein gutes Gesamtbild.

Eine genauere Analyse dieser Versuchsfahrten soll nun anhand der Abbildungen 6.22 und
6.23 erfolgen, in denen die Messgrößen wieder über den Weg entlang der Ideallinie $s$ dargestellt sind. Zunächst folgt eine kurze Beschreibung der gezeigten Messgrößen. Abbildung
6.22 stellt die gleiche „Level 1"-Messfahrt aus Abbildung 6.20 dar. Erneut sind drei Fahrer
pro Diagramm mit den gleichen Farben wie zuvor aufgetragen. Das obere Diagramm zeigt
die Querablage $d$ in Metern. Das zweite zeigt das gemessene Lenkmoment des Fahrers, das
nach Gleichung (6.6) auf den Messbereich des Torsionsstabs normiert wurde, und im dritten
Diagramm ist das normierte Unterstützungsmoment der Fahrfunktion eingezeichnet. Im Gegensatz zu vorherigen Abbildungen sind diese separat eingezeichnet, um die Fahrer besser
miteinander zu vergleichen. Im vierten Diagramm ist die individuell gefahrene Geschwindigkeit gegenüber der maximal erlaubten $v_{x,\text{Safety,Level1}}$ aufgetragen. Das fünfte und sechste
Diagramm zeigen den Bremsdruck, der im System aufgebaut wird. Dieser ist separat dargestellt für den Bremsdruck der vom Fahrer und den, der von der Fahrfunktion gewünscht
wird. Allgemein fällt zunächst auf, wie unterschiedlich bei den drei Fahrern die Interaktion mit dem Fahrzeug ist. Dies wird besonders offensichtlich bei der Geschwindigkeitswahl
und dem Bremsdruck der Fahrfunktion $u_{\text{BP,Mentor}}$. Fahrer 1 braucht beispielsweise fast keine Bremsunterstützung, zeigt aber ein besseres Folgeverhalten bei der Fahrgeschwindigkeit
als Fahrer 2. Auch das additive Lenkmoment $M_{\text{Mentor}}^{\text{norm}}$ ist für alle drei Fahrer unterschiedlich,
selbst wenn sich Teilstücke ähneln. Im Ausschnitt A bewegt sich der rot punktiert eingezeichnete Fahrer 2 weit von der Ideallinie weg und lässt sich nach außen tragen. Im zweiten
Diagramm sieht man, dass dieser Fahrer aktiv von der Linie weglenkt, da $M_{\text{Tstat}}^{\text{norm}}$ ein positi-
ves, das Zusatzmoment $M_{\text{Mentor}}^{\text{norm}}$ darunter aber ein negatives Vorzeichen hat. Der Fahrer spürt
in dieser Situation also deutlich, dass er entgegen der Fahrempfehlung lenkt. Das gleiche
Feedback erhalten Fahrer 1 und Fahrer 2 in Ausschnitt B, die hier zu stark in die Kurveninnenseite lenken. Fahrer 3 erhält in diesem Abschnitt nur ganz kurz ein korrigierendes
Lenkmoment. Die Fahrfunktion muss bei diesem Fahrer insgesamt deutlich weniger unterstützen, als bei den anderen Fahrern. Der Eindruck aus den vorangegangenem Abbildungen,
dass Fahrer 3 schon in seiner ersten Runde ein harmonisches und gutes Fahrverhalten auf-

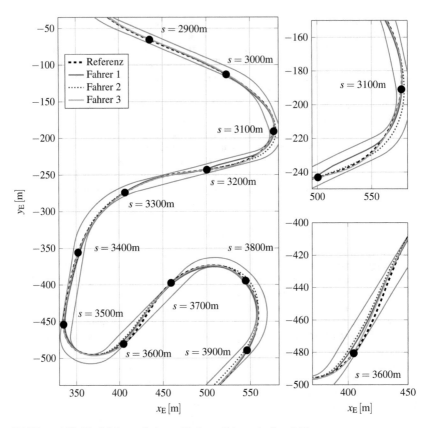

**Abbildung 6.20:** Vergleich von drei verschiedenen Fahrern in „Level 1"

weist, verstärkt sich, da dieser durch eigene Aktionen der Ideallinie folgt und nur moderate Lenkunterstützung benötigt. Auch im dritten Abschnitt **C** erhält er am wenigsten Unterstützung von der Fahrfunktion, während Fahrer 1 zu stark in die Kurveninnenseite und Fahrer 2 erneut zu viel nach außen lenkt. Trotz dieser deutlichen Abweichungen ist es wichtig, dass das Mentorensystem auf angenehme und sinnvolle Weise mit dem Fahrer interagiert. Am Verlauf von $M_{\text{Mentor}}^{\text{norm}}$ in Ausschnitt **C** für Fahrer 1 lässt sich erkennen, dass das additive Lenkmoment sein Vorzeichen wechselt, obwohl der Fahrer weiterhin zu weit innen fährt. Dies bedeutet, dass die Fahrfunktion den Fahrer nicht einfach nur wie ein „P-Regler" zurück auf die Ideallinie bringen möchte, sondern bei begonnener Kurvenfahrt in Richtung des Kurvenausgangs wechselt. Dies wird durch die Planung der Rückführtrajektorien möglich, da über diese mehr Informationen über den besten Weg zurück zur Ideallinie vorliegen und der Regler nicht nur die Querablage einregelt. Ausschnitt **D** zeigt unterschiedliche Herangehens-

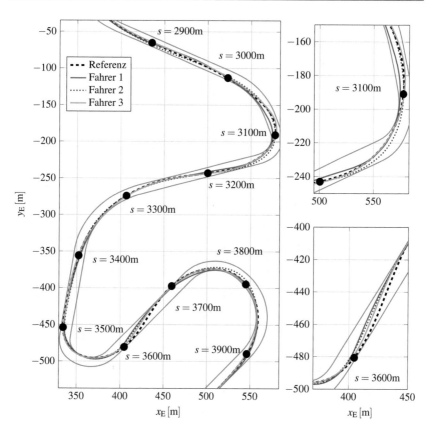

**Abbildung 6.21:** Vergleich von drei verschiedenen Fahrern in „Level 2"

weisen in der Längsdynamik. Fahrer 1 geht bis an die maximal erlaubte Geschwindigkeit, bremst aber deutlich früher als Fahrer 3, der beinahe konstant ans erlaubte Limit geht. Fahrer 3 bremst in allen drei Kurven nicht soviel, wie das Geschwindigkeitsprofil $v_{x,\text{Safety,Level1}}$ fordert. Dies zeigt das unterste Diagramm, da dieser für alle drei Kurven zusätzliche Bremsunterstützung erhält. Das Verhalten von Fahrer 2 ist nur schwer zu bewerten, da sich dieser zum einen nicht an die maximale Geschwindigkeit herantraut, in der zweiten Kurve aber den Bremsassistenten auslöst (erkennbar an Ausschnitt **E**). In Abschnitt 6.1.5 wurden die Bewertungsrichtlinien des Sicherheitsbeifahrers angesprochen. Interessant ist der Ausschnitt **F**, da hier sogar Fahrer 3 große Abweichungen zur Ideallinie zeigt. Betrachtet man diese im Kontext des Streckenverlaufs, ist eine Abweichung in diesem Abschnitt jedoch nicht wirklich dramatisch, da bei höheren Geschwindigkeiten das Fahrzeug von selbst weiter nach außen getragen werden und dem Fahrer der Spielraum für Abweichungen nach innen nehmen

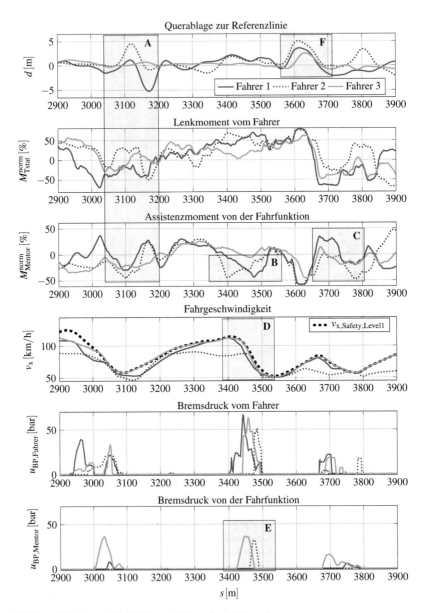

**Abbildung 6.22:** „Level 1" mit Fahrer 1, Fahrer 2 und Fahrer 3

würde. Der Sicherheitsbeifahrer würde dieser Abweichung nur einen geringen Stellenwert geben. Große Abweichungen sind nicht gleichbedeutend mit einem schlechten Fahrer.

Die Abbildung 6.23 zeigt die zweite Runde der drei Versuchspersonen, die allesamt eine höhere Geschwindigkeit fahren dürfen und geringere Lenkunterstützung erhalten. Fahrer 3 wurde, aufgrund der sehr guten ersten Runde, die Geschwindigkeit aus „Level 3" erlaubt, weswegen im vierten Diagramm zwei Geschwindigkeitsgrenzen eingezeichnet sind. Für Fahrer 2 ist der Wechsel in den „Level 2" eigentlich zu früh, was sich durch stärkere Abweichungen von der Ideallinie zeigt. Es wäre sinnvoller ihn eine weitere Runde in „Level 1" fahren zu lassen. Die Querablage wächst leicht für alle Fahrer. Wie im zweiten Diagramm erkennbar, müssen diese aber nun dafür deutlich mehr selber lenken. Insgesamt ist die gefahrene Linie dadurch mehr dem Fahrer als der Assistenzfunktion zuzuordnen und im Handlenkmoment ist hier nun eindeutig der Kurvenverlauf nachvollziehbar. Trotzdem sind die Eingriffe des Mentorensystems noch vom Fahrer spürbar. Ausschnitt G zeigt einen Abschnitt, in dem nur geringe Abweichung zur Ideallinie vorliegen und die Lenkmomente der drei Personen ein sehr ähnliches Bild aufweisen. In der zweiten Hälfte von Ausschnitt G erhalten alle Fahrer ein negatives Feedback vom Mentorensystem, weil sie zu weit innen fahren. Im Vergleich zur vorangegangen Runde werden die Abweichungen in diesem Bereich kleiner und das, obwohl die absolute Unterstützung deutlich geringer ist. Der starke Lenkeingriff in Ausschnitt H ist erneut auf ein zu frühes Einlenken von Fahrer 1 zurückzuführen. Für zukünftige Weiterentwicklungen könnte es interessant sein, wenn gezielt solche Verhaltensmuster analysiert werden und die Auswertung des Mentorensystems dem Fahrer im Nachhinein Hinweise zu Verbesserungen gibt.

Die gewählte Geschwindigkeit ist für alle Teilnehmer höher als zuvor und Fahrer 2 zeigt ein leicht verbessertes Folgeverhalten. Fahrer 1 löst in Ausschnitt I, anders als in der letzten Runde, nun die Bremsunterstützung aus. Ebenfalls in Ausschnitt J gezeigt, resultiert für Fahrer 3 wieder die stärkste Bremsunterstützung, er bremst aber weiterhin auch selber. Dies ist für die Bewertung des Fahrers sehr wichtig, da es eine Aussage über das Bremsverhalten des Fahrers zulässt. Würde Fahrer 3 stattdessen gar nicht selber bremsen und nur auf dem Gaspedal stehen bleiben, lässt sich interpretieren, dass der Fahrer schneller fahren möchte. Es bleibt dann dabei unklar, ob er die Bremspunkte und die Geschwindigkeit wirklich richtig einschätzen kann.

### 6.2.4 Eingriffsdominanzregelung in Trainings- und in Notsituationen

Eine stufenweise Verringerung der Eingriffsdominanz und Planungsadaption haben sich im Rahmen dieser Arbeit als guter Ansatz herausgestellt, um den Fahrer an den Grenzbereich zu führen, da dieser schrittweise mehr Eigenverantwortung erhält. Das Konzept der „Level" hat jedoch seinen Ursprung in den technischen Limitationen, die zu Beginn des Forschungsprojekts „Volkswagen Golf R RaceTrainer" vorlagen. Ohne eine dynamische Anpassung der Eingriffsdominanz reicht die reduzierte Unterstützungsleistung in „Level 2" und „Level 3" nicht aus, um das Fahrzeug innerhalb der Streckenbegrenzungen zu halten. Dies muss dem Fahrer vor Beginn eindeutig mitgeteilt werden, denn er muss selber das Verlassen der Strecke verhindern. Erst mit dem Konzept von Mentorensystemen, den variablen

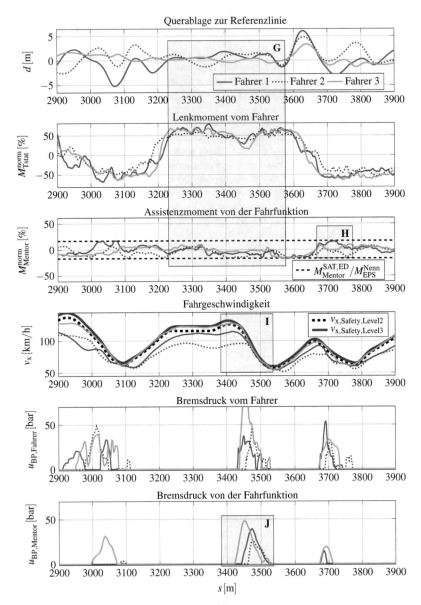

**Abbildung 6.23:** „Level 2" mit Fahrer 1, Fahrer 2 und Fahrer 3

Rückführtrajektorien, dem Ansatz zur Kritikalitätsbewertung und der Eingriffsdominanzregelung kann die Verkehrssicherheit gewährleistet und eine stufenlose Anpassung der Eingriffsdominanz sinnvoll umgesetzt werden. Eine stufenlose Anpassung kann den Vorteil haben, dass die Unterstützung bei guten Fahrern früher reduziert werden könnte, beispielsweise bereits innerhalb der ersten Runde. Die dafür umgesetzte Situationsbewertung und Regelung der Eingriffsdominanz soll anhand von zwei Beispielfahrten in „Level 3" ausgewertet werden.

In Kapitel 3.3.3 wurde herausgearbeitet, dass bekannte Ansätze zur Situationsbewertung in einem Mentorensystem für die Rennstrecke nicht direkt angewendet werden können, da sie häufig entweder nur den Abstand zum Streckenrand oder die Ausnutzung des fahrdynamischen Grenzbereichs betrachten. Die zeitoptimale Fahrt entlang der Ideallinie zeichnet sich jedoch zum einen durch geringe Abstände zu den Streckenrändern und zum anderen durch die komplette Ausnutzung des fahrdynamischen Potentials aus. Deswegen wurde ein Bewertungskonzept basierend auf dem Optionsbaum der Bahnplanung entworfen, was in Abbildung 4.7 auf Seite 75 visualisiert wurde. Für die Auswertung wird erneut die Teststrecke Ehra-Lessien aus Abbildung 6.9 genutzt. Um die Eignung der Bewertung für die Rennstrecke nachzuweisen, zeigt Abbildung 6.24 die Aufzeichnung einer „Level 3"-Runde. Der Fahrer erhält bei dieser Abstimmung nur noch sehr wenig Lenkunterstützung, in kritischen Situationen wird diesem jedoch wieder stark geholfen. Gezeigt ist ein Fahrverlauf, der nur geringe Abweichungen zu der Referenzlinie aufweist. Der Referenzverlauf der Ideallinie führt an mehreren Stellen sehr nah an den Streckenrand. Im oberen Diagramm ist die Querablage und der Abstand zwischen Ideallinie und linken Rand $d_{\text{links}}$ sowie rechten Rand $d_{\text{rechts}}$ für die gesamte Strecke gezeigt. Verläuft die Ideallinie nah am Streckenrand, dann ist der Abstand zum jeweiligen Rand an dieser Stelle besonders klein. Dem darunter dargestellten Verlauf der Situationsbewertung $S_{\text{Krit}}$ ist zu entnehmen, dass es zwar an mehreren Stellen zu einem reduzierten Optionsbaum kommt, aber nur eine Querablage als kritische Situation bewertet wird. Der untere Streckenausschnitt zeigt diese Situation im Detail. Gezeigt sind die Streckenränder, die Referenzlinie und die bisher beschriebene Situation mit Abweichung zum äußeren Streckenrand. Der Fahrer lenkt nicht genügend beim Kurvenausgang ($s = 1400$m), wodurch das Fahrzeug zu weit nach außen getragen wird und mit beiden linken Rädern über die Ränder kommt.

Da das Fahrzeug in dieser Situation die Streckenränder verlässt, ist die kritische Situation korrekt erkannt worden. Abbildung 6.25 zeigt weitere Messwerte dieser Aufnahme. Im ersten Diagramm sind nun zusätzlich die Eingriffsdominanz ED und der Verlauf der Planungsadaption PA $= k_{\text{dyn}}$ aufgetragen. Die Planungsadaption und die Eingriffsdominanz steigen erst an, wenn die Kritikalitätsbewertung eine gefährliche Situation vermerkt. Ab Streckenmeter $s = 1450$m wurde die Situation durch die Fahrerunterstützung entschärft und $S_{\text{Krit}}$ fällt unter die Aktivierungsschranke $S_{\text{Krit}}^{\text{Aktivierung}} = 0,5$. Das System wechselt in den Zustand „Rückführung" und behält diesen für weitere zwei Sekunden bei. Die Aufzeichnung der Lenkmomente im dritten Diagramm zeigen diesen Anstieg der Eingriffsdominanz. Der Fahrer wird zunächst kaum von den Zusatzmomenten $M_{\text{Mentor}}^{\text{norm}}$ beeinträchtigt und erhält erst stärkere Unterstützung, als er droht, die Strecke zu verlassen. Die Analyse der gefahrenen Geschwindigkeit gibt zudem Aufschluss über den reduzierten Optionsbaum bei Strecken-

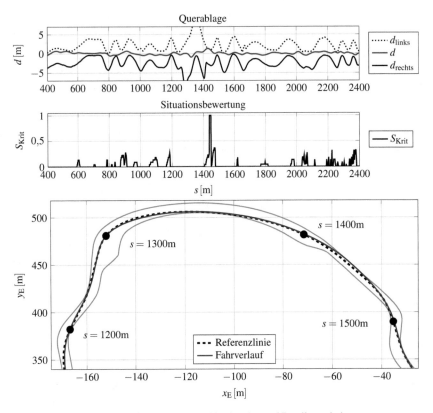

**Abbildung 6.24:** Vergleichsrunde mit nur einer Notsituation und Detailausschnitt

meter $s = 1180$ m. Im letzten Diagramm wird die gefahrene Geschwindigkeit im Vergleich zur empfohlenen $v_{x,\text{Trainer}}$ und der maximal möglichen Geschwindigkeit $v_{x,\text{Par0}}$ gezeigt. Die steigende Kritikalitätsbewertung ist auf das Erreichen der maximal möglichen Geschwindigkeit zurück zu führen. Der Fahrer hat in diesem Abschnitt einen leichten Versatz zur Ideallinie und dadurch werden die Trajektorien mit kurzer Rückführdistanz unfahrbar, weil sie die Haftgrenze der Reifen überschreiten würden. Obwohl die Maximalgeschwindigkeit auf der Referenzlinie überschritten wurde, greift das FAS nicht stärker ein, weil immer noch genügend fahrbare Trajektorien innerhalb der Streckenränder existieren.

Abbildung 6.26 stellt einen weiteren Versuch mit stärkeren Abweichungen vor. In dieser Messung wird der Versuchsträger absichtlich vom Fahrer in Richtung der Streckenbegrenzung gelenkt. Oben ist erneut der Fahrverlauf gezeigt. Das Diagramm darunter zeigt, dass die kritischen Situationen korrekt erkannt werden. Hier muss die Eingriffsdominanzregelung oft reagieren, um ein Verlassen der Strecke zu verhindern. An der Querablage zur

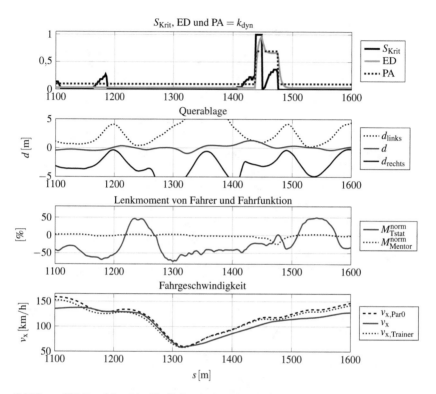

**Abbildung 6.25:** Level 3 auf der Ideallinie mit einem Fahrfehler

Referenzlinie $d$ ist zu erkennen, dass dies in der letzten Situation bei $s = 1520\,\mathrm{m}$ nicht vollständig möglich war. Der Grund dafür ist dem Lenkmomentenverlauf des Fahrers zu entnehmen, der in dieser Situation mit Absicht dem FAS entgegenwirkt. Die Lenkmomente haben ein gegenteiliges Vorzeichen und die parallele Struktur des Lenksystems erlaubt es der Fahrfunktion nicht, den Fahrer zu entkoppeln. Trotzdem wird der Fahrer frühzeitig vor dem Verlassen der Strecke gewarnt. Die beiden vorgestellten Aufzeichnungen beweisen die Eignung der Situationsbewertung für den Einsatz auf der Rennstrecke, weil sie reguläre von kritischen Fahrsituationen erfolgreich trennt.

### 6.2.5 Zusammenfassung der Versuchsergebnisse

Die Auswertung zeigt, dass mit dem System auf Basis der Mentorenstruktur ein erfolgreiches und sicheres Fahrertraining auf der Rennstrecke durchgeführt werden kann. Analog zu den Untersuchungen an kooperativen Einparkassistenten in [NWS15] ist davon auszugehen,

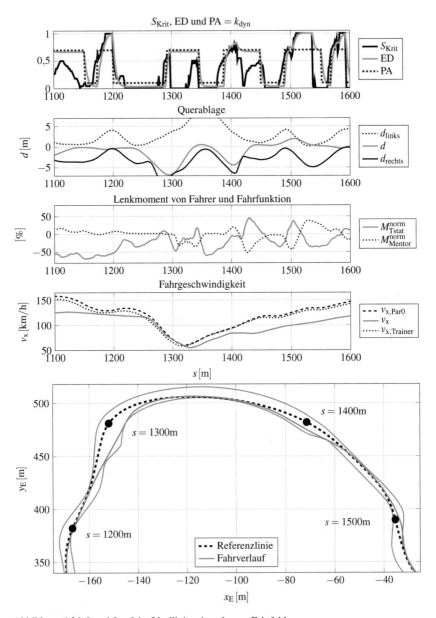

**Abbildung 6.26:** Level 3 auf der Ideallinie mit mehreren Fahrfehler

dass ein nachhaltiger Lerneffekt durch den Einsatz von Mentorensystemen erreicht werden kann.

Zur Evaluation wurden zunächst neue Kennwerte der kooperativen Fahrt herausgearbeitet. Mit der Besprechung einer Versuchsfahrt zu der ein frei zugängliches Video existiert, ist zudem eine optische Referenz zu den Messgrößen herstellbar (Abschnitt 6.2.1). Das Mentorensystem im Versuchsfahrzeug „Volkswagen Golf R RaceTrainer" kann sowohl die Ideallinie, als auch die „g-g"-Muster präzise demonstrieren. Abschnitt 6.2.2 illustriert zudem den neu eingeführten Freiheitsgrad der Planungsadaption, der sich auf die Quer- und Längsführung wie gefordert auswirkt. Messdaten von drei Fahrern unterschiedlicher Vorerfahrung zeigen, dass diese mit aktiviertem Mentorensystem bereits in den ersten beiden Runden gut entlang der Ideallinie fahren können. Das Zusammenspiel zwischen Fahrer und FAS in Lenkung, Gas- und Bremspedal wurde für zwei Abstufungen der Eingriffsdominanz evaluiert und Unterschiede in den Reaktionen der Fahrer wurden aufgedeckt (Abschnitt 6.2.3). Selbst bei einem Trainingslevel mit geringer Eingriffsdominanz kann der Fahrer in kritischen Situationen mit Unterstützung rechnen. Hier wurde gezeigt, dass die Situationsbewertung den besonderen Anforderungen eines Rennstreckentrainings gewachsen ist und gefährliche Fahrmanöver von Fahrsituationen im „vorgesehenen" Grenzbereich trennen kann. Das Mentorensystem eignet sich dadurch sowohl für das Erlernen einer Ideallinie mittels kontinuierlicher Unterstützung, als auch für die überwachte freie Fahrt.

Es kann resümiert werden, dass die ausgearbeitete und implementierte Struktur aus Bahnplanung, Regelung und Assistenzabstimmung allen Anforderungen gerecht wird und eine große Bandbreite an Trainingsmöglichkeiten erlaubt. Eine spurgenaue, vollautomatische Fahrt im „Scouting"-Modus führt den Schüler an die Fahrweise auf einer Rennstrecke heran. Die unterschiedlich abgestimmten „Level" ermöglichen es dem Fahrer, sich an seinen persönlichen Grenzbereich heranzutasten. Die Abstimmung erfolgt systematisch durch die gestufte Reduzierung von Planungsadaption und Eingriffsdominanz. Durch die Eingriffsdominanzregelung kann das Mentorensystem seine Unterstützungsleistung bis auf ein Minimum reduzieren, ohne die Sicherheit des Fahrertrainings zu riskieren. Die Architektur des Mentorensystems weist ein ganzheitliches Konzept auf, welches die Herausforderungen der kooperativen Fahrt bewältigt.

# 7 Fazit und Ausblick

In dieser Arbeit wurden Entwurf und Umsetzung eines Fahrerassistenzsystems (FAS) für ein Fahrertraining zum Erlernen der zeitoptimalen Fahrweise auf einer Rennstrecke herausgearbeitet, welches durch kooperative Unterstützung den Lernprozess fördert und die Sicherheit steigert. Das Szenario eines Rennstreckentrainings unter Zuhilfenahme automatisierter Fahrfunktionen wurde zuvor nur in [Wal09] untersucht, wobei dort auf kooperative Eingriffe in die Fahrdynamik verzichtet wurde. Die gleichzeitigen Aktionen von Fahrer und FAS stellen neue Herausforderungen an den Entwurf der Regelungsstrategien. Die Auswertung bisheriger Forschungsarbeiten hat gezeigt, dass die etablierten Ansätze von FAS nicht ausreichen, um ein Trainingsszenario zu entwerfen, welches Trainings- und Sicherheitsaspekte gleichzeitig vereint. Als Lösung wurde in dieser Arbeit das Konzept eines „Mentorensystems" vorgestellt. Ein virtueller Mentor stellt sich auf seinen Schützling ein und gibt diesem nicht zu viel und auch nicht zu wenig Hilfe.

Die wichtigsten fahrdynamischen Grundlagen wurden im Kapitel 2 hergeleitet und mit einer Betrachtung des Lenksystems die wichtigste Schnittstelle zum Fahrer vertieft. Außerdem wurde der Stand der Technik zur vollautomatischen Fahrt auf einer Rennstrecke ohne Fahrerinteraktion eingeführt. Bis auf die Bahnfolgeregelung wurden alle Algorithmen anschließend erweitert oder angepasst. Mit welchen Zielen diese Anpassungen erfolgten, klärte Kapitel 3 und führte dazu die Analogie eines Mentors ein. Mit einem Überblick zu Vorarbeiten wurde auf wichtige Aspekte wie Fahrereinbindung und Assistenzstruktur eingegangen und der Sicherheitsbegriff verfeinert. Zusätzlich wurde in diesem Kapitel ausgearbeitet, welche regelungstechnischen Herausforderungen durch die kooperative Fahrt entstehen, da der menschliche Fahrer die erreichbare Reglerperformance erheblich stört. Die Kompensation dieser Störung ist zum einen technisch anspruchsvoll und zum anderen für den Einsatz in einem Fahrertraining nicht unbedingt gewollt. Dies führte zur These „Der Fahrer ist (k)eine Störgröße" und damit zu einer getrennten Auslegung des Verhaltens in ungefährlichen und gefährlichen Trainingssituationen. Die Kernprinzipien eines Mentorensystems sind Führung, Freiraum, Individualität und Sicherheit. Für die Gestaltung des Systems nach diesen Kriterien wurde der Auslegungsraum der Kooperationstypen eingeführt, dessen Dimensionen die Eingriffsdominanz und der neu eingeführte Freiheitsgrad der Planungsadaption sind. Dadurch kann systematisch zwischen den Zielen des Fahrers (maximale Kooperation) und den Zielen des FAS (minimale Kooperation) variiert werden. Für das Fahrertraining nutzt das Mentorensystem dabei eine Mischung aus dem Fahrziel des Fahrers und dem Vorschlag des FAS (reduzierte Kooperation), um die Akzeptanz des Fahrers gegenüber dem System zu steigern, ohne die Lernziele zu vernachlässigen. Kapitel 4.1 zeigte den Freiheitsgrad der Planungsadaption in der Querdynamik. Durch Anpassung der Länge von Rückführtrajektorien wird zwischen dem Fahrwunsch des Fahrers und dem Schulungsziel des FAS (der Ideallinie) variiert. Durch Planung und Bewertung einer Schar von Trajektorienkandidaten kann die Kritikalität einer Situation bewertet werden, da der Optionsbaum des Bahnplaners schrumpft, sobald nur noch wenige Kandidaten die Begrenzungen der Straßenbreite

© Springer Fachmedien Wiesbaden GmbH, ein Teil von Springer Nature 2019
S. Schacher, *Das Mentorensystem Race Trainer*, AutoUni – Schriftenreihe 141,
https://doi.org/10.1007/978-3-658-28135-9_7

und Fahrdynamik einhalten. Der Bewertungsansatz ist in der Lage, zwischen unkritischen
und kritischen Situationen auf einer Rennstrecke zu unterscheiden, denn die Verletzung von
nur einer Begrenzung, beispielsweise die der Reifenkräfte, ist beim Befahren einer Ideallinie nicht aussagekräftig genug. Die Planungsadaption in der Längsdynamik aus Abschnitt
4.2 betrachtete das visuelle Muster charakteristischer Beschleunigungsverläufe von Normal-
und Profifahrern. Die durch Modifikation der Muster erzeugten Geschwindigkeitsprofile
werden am subjektiven Empfinden des Schülers orientiert, wodurch Fahrspaß und Sicherheit gleichzeitig optimiert werden. In Kapitel 5 wurden die Regelungsansätze vorgestellt,
mit denen die Eingriffsdominanz an die Trainings- oder Fahrsituation anpassbar ist. Indem
die Eingriffsdominanz als Stellgröße eines eigenen Regelkreises gewählt wird, kann der
Wunsch nach einer getrennten Auslegung von Basis- und Notfall-Kooperationsverhalten rea-
lisiert werden. Das Basis-Kooperationsverhalten bestimmt den Vorsteueranteil dieses neuen
Regelkreises und das Notfall-Kooperationsverhalten diktiert den Regleranteil, über den die
Verkehrssicherheit gewährleistet werden soll. Die erfolgreiche Anwendung der erarbeiteten
Regelungskonzepte für die kooperative Fahrt im Projekt „Volkswagen Golf R RaceTrainer"
wurde in Kapitel 6 beschrieben. Abschnitt 6.1 stellte die Herangehensweise des Projekts
und die konkreten Unterstützungsmöglichkeiten des Versuchsträgers vor. Die Auslegung
des Mentorensystems konnte durch die entwickelten Konzepte stark vereinfacht werden.
Die Auswertung in Abschnitt 6.2 zeigte, dass das Mentorensystem die gestellten Anforderungen der vollautomatischen und kooperativen Fahrt erfüllt und die Situationsbewertung
für den Einsatz auf der Rennstrecke geeignet ist.

Das Forschungsfahrzeug „Volkswagen Golf R RaceTrainer" wurde von über 160 unterschiedlichen Personen gefahren. Für viele war dies das erste Fahrerlebnis auf einer Rennstrecke. Das kontinuierliche Testen mit vielen Fahrern war essenziell für die Entwicklung
des kooperativen Mentorensystems.

Mit dem entwickelten Mentorensystem wird das automatische Fahren zudem für den Menschen erlebbar und eine Brücke geschaffen, um die Akzeptanz bezüglich dieser Automati-
sierungsstufe zu steigern. Bis vollautomatische Fahrzeuge dem Menschen die Fahraufgabe
abnehmen können, wird dessen Fahrkönnen bestimmend für die Verkehrssicherheit bleiben.
Für die langfristige Steigerung des Könnens bietet das Mentorensystem optimale Lernbe-
dingungen.

## Ausblick

Die hohen Anforderungen eines Rennstreckentrainings haben zu neuen Betrachtungsweisen
und zur Entwicklung von neuen Konzepten für FAS geführt. Diese können an vielen Stellen
noch weiter erforscht werden und dieser Ausblick gibt Startpunkte für Weiterentwicklungen.

- Das Vermitteln der richtigen Geschwindigkeit kann verfeinert werden. Es sollte eine Möglichkeit gefunden werden, um dem Fahrer die empfohlene Beschleunigung oder Verzögerung mitzuteilen, ähnlich wie die im „Heads-up-Display" eingeblendete Ideallinie dem
Fahrer die Sollgröße der Querführung zeigt. Der im Versuchsträger eingesetzte konstante

Brummton wird vom Fahrer unmissverständlich als Bremsaufforderung verstanden. Allerdings wird dabei nicht kommuniziert, welche Bremskraft von diesem erwartet wird oder ob er zu wenig/zu viel bremst. Es sollte untersucht werden, ob eine Modulation dieses Tons dem Fahrer die fehlende Information liefern könnte.

- Mit einem derartig umgesetzten Bremston könnte zudem mit einer „Gamification" der Längsregelung die Akzeptanz der Fahrer bezüglich der moderaten Geschwindigkeit zu Beginn des Trainings gesteigert werden. In der aktuellen Umsetzung dürfen die Fahrer so schnell fahren, wie es das System erlaubt. Zu Beginn des Fahrertrainings ist das Können des Fahrers unbekannt und die Geschwindigkeit bleibt in der ersten Runde für alle Fahrer langsam. Dies wurde von geübten Fahrern, aber auch von sehr risikobereiten, ungeübten Fahrern oft als restriktiv wahrgenommen. Stellt man dem Fahrer in den ersten Runden stattdessen die Aufgabe, das empfohlene Geschwindigkeitsprofil möglichst gut zu treffen „um den nächsten Level freizuschalten", kann diese Wahrnehmung möglicherweise verändert werden und es wäre zudem eine bessere Vermittlung der fahrdynamisch optimalen Brems- und Beschleunigungsvorgänge möglich.

- Die größte regelungstechnische Herausforderung liegt in der vollständigen Gewährleistung der Verkehrssicherheit, für die der Einfluss des Fahrers noch mehr berücksichtigt werden muss. Da der Fahrer in dem vorgestellten Versuchsträger parallel eingebunden ist und es somit keine Möglichkeit gibt, die Sicherheit zu garantieren, wurde dies hier nicht angestrebt. Dies könnte mit einem Stabilitätsbeweis der Mentorenstruktur einhergehen, zumal Stabilität passend definiert werden muss.

- Einfache Robustifizierungsansätze wie integrierende Elemente sind nur mit Einschränkungen für die kooperative Fahrt geeignet. Die Robustifizierung könnte durch eine kontinuierliche Schätzung der Modellparameter erfolgen. Es sollten dabei Kennwerte beobachtet werden, die nicht vom Fahrer beeinflussbar sind. Beispielsweise die erzeugte Querkraft und der dafür vorliegende Schräglaufwinkel.

- Die Erkennung des Fahrerkönnens ist die größte offene Forschungsfrage des Mentorensystems. In Abschnitt 6.1.5 wurden einige Herausforderung und Ansätze dazu bereits erwähnt. Bei einem kooperativen Mentorensystem muss der Einfluss des Regelungssystems von dem Einfluss des Fahrers getrennt werden, da beispielsweise in „Level 1" eine sehr gute Querführung möglich ist, dies aber vor allem durch die hohe Eingriffsdominanz des FAS resultiert. Erschwerend kommt hinzu, dass es nicht nur eine optimale Linie auf der Rennstrecke gibt und gute Fahrer eine andere Vorstellung einer optimalen Kurvenfahrt haben können, sodass Abweichungen vom Systemwunsch kein klares Indiz für einen schlechten Fahrer sind.

Mithilfe einer kontinuierlichen Schätzung des Fahrerkönnens ließe sich das Fahrerlebnis optimal auf den Schüler anpassen. Die in dieser Arbeit umgesetzte Trainingsprogression mittels diskreter Stufen entspricht den Empfehlungen von [AMB12] und ermöglicht es dem Fahrer, die zu erwartende Unterstützungsleistung einzuschätzen. Diese Entwurfsentscheidung resultiert jedoch vor allem aus anfänglichen technischen Limitationen. Vor der Ausarbeitung der neuen Bahnplanung mit Situationsbewertung und der Idee der Eingriffsdominanzregelung war es nicht möglich, kritische Situationen zu erkennen oder auf diese zu reagieren. Hier war es erforderlich, dem Fahrer klar zu vermitteln, dass er bei reduzierter Eingriffsdominanz selbst in der Verantwortung ist, das Fahrzeug auf der Straße zu halten. Entwirft man hingegen ein Mentorensystem nach den hier beschriebenen Kriterien, kann dieses gewährleisten, dass das Fahrzeug die Strecke nicht verlässt. Aus regelungstechnischer Sicht wird dadurch die gesamte Fahrzeugführung (Bahnplanung, Regelung, Fahrereinfluss) zu einem performanten inneren Regelkreis des Mentorensystems: unabhängig von Fahrer, vorgesteuerter Planungsadaption und Eingriffsdominanz kann sich dann auf ein sicheres Trainingserlebnis verlassen werden. Abbildung 7.1 veranschaulicht, wie das Können des Fahrers die Regelgröße eines neuen Regelkreises wird. Dieses kann über einen Beobachter festgestellt werden und ein neuer Regler entscheidet über die Wahl von Eingriffsdominanz und Planungsadaption. Neben der Fahrweise eines Rennfahrers sind auch andere Zielvorgaben für die „Fahrkönnenregelung" denkbar. Für den normalen Straßenverkehr ist beispielsweise der bereits erwähnte Fahrstil von professionellen Chauffeuren ein erstrebenswertes Ziel, da sich dieser durch ein angenehmes Fahrerlebnis auszeichnet.

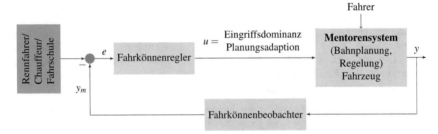

**Abbildung 7.1:** Ausblick zur Regelung des Fahrertalents

Ein vergleichbares Konzept wurde bereits 1958 als „Kybernetische Pädagogik" für den Schulunterricht vorgeschlagen. Der Schüler wird hier als Regelstrecke angesehen [Cub58, Mar86, Kro08]. Kybernetik ist ein 1948 geprägter Begriff für regelungstechnische und informationstheoretische Vorgänge, unabhängig davon, ob diese technischen, biologischen oder anderen Ursprungs sind [Wie48]. Die kybernetische Pädagogik ist eine mathematische Formalisierung von Unterrichtssituationen. Über Vorgänge wie Tafelübungen oder Buchtexte (Stellglieder) wird der Lernzustand eines Schülers verbessert und über Lernkontrollen wie Prüfungen (Messglieder) erfasst. Anschließend wird die Lehrstrategie (Regler) und das genutzte Stellglied angepasst. Störfaktoren dieses neuen Regelkreises sind zum Beispiel die fehlende Motivation des Schülers. Die Ideen zu kybernetischen (regelungstechnischen) Ansätzen im Unterricht in [Cub58] behandeln insbesondere die informationstheoretischen Grundlagen sowie die Herausforderungen der Lernkontrolle und damit die Rückkopplung des Lernzustands in den Regelkreis. Für zukünftige FAS mit Mentorenrolle sollte demnach die Beobachtung des Lernfortschritts einen großen Stellenwert einnehmen. Das Ziel ist ein autarkes System, das einem Menschen als Mentor beiseite steht und diesem das optimale Fahren auf einer Rennstrecke beibringt – ohne Versuchsleiter.

# Literaturverzeichnis

[Ada09]   ADAMY, J.: *Nichtlineare Regelungen.* Springer Berlin Heidelberg, 2009

[ADA18]   ADAC: *Fahrsicherheitstraining.* Allgemeiner Deutscher Automobil Club, URL: https://www.adac.de/fahrsicherheitstraining/ (Abrufdatum: 12.06.2018), 2018

[AM10]    ABBINK, D. A. ; MULDER, M.: Neuromuscular Analysis as a Guideline in designing Shared Control. In: *Advances in haptics.* S. 499–516. Intech, 2010

[AMB12]   ABBINK, D. A. ; MULDER, M. ; BOER, E. R.: Haptic shared control: Smoothly shifting control authority? In: *Cognition, Technology & Work* 14, Nr. 1, S. 19–28, 2012

[APPI10]  ANDERSON, S. J. ; PETERS, S. C. ; PILUTTI, T. E. ; IAGNEMMA, K.: An optimal-control-based framework for trajectory planning, threat assessment, and semi-autonomous control of passenger vehicles in hazard avoidance scenarios. In: *International Journal of Vehicle Autonomous Systems* 8, Nr. 2–4, S. 190–216, 2010

[Aut18]   AUTODROM: *Autodrom Most.* Autodrom Most A.S., URL: http://www.autodrom-most.cz/ (Abrufdatum: 21.05.2018), 2018

[AvD18]   AvD: *Fahrtrainings, Events und Fahrerausbildung.* Automobilclub von Deutschland Driving Academy, URL: http://www.avd-driving-academy.de (Abrufdatum: 22.06.2018), 2018

[Bea11]   BEAL, C. E.: *Applications of Model Predictive Control to Vehicle Dynamics For Active Safety.* Ph.D. Thesis, Stanford University, 2011

[Ben08]   BENDER, E.: *Handlungen und Subjektivurteile von Kraftfahrzeugführern bei automatischen Brems- und Lenkeingriffen eines Unterstützungssystems zur Kollisionsvermeidung.* Dissertation, Technische Universität Darmstadt, Ergonomia-Verlag, 2008

[Ben11]   BENTLEY, R.: *Ultimate speed secrets: the complete guide to high-performance and race driving.* Motorbooks International, 2011

[BFAM14]  BALTZER, M. ; FLEMISCH, F. ; ALTENDORF, E. ; MEIER, S.: Mediating the interaction between human and automation during the arbitration processes in cooperative guidance and control of highly automated vehicles. In: *Proceedings of the 5th international conference on applied human factors and ergonomics AHFE*, S. 2107–2118, 2014

© Springer Fachmedien Wiesbaden GmbH, ein Teil von Springer Nature 2019
S. Schacher, *Das Mentorensystem Race Trainer*, AutoUni – Schriftenreihe 141,
https://doi.org/10.1007/978-3-658-28135-9

[BFK⁺05]   BORRELLI, F. ; FALCONE, P. ; KEVICZKY, T. ; ASGARI, J. ; HROVAT, D.:
           MPC-based approach to active steering for autonomous vehicle systems. In:
           *International Journal of Vehicle Autonomous Systems* 3, Nr. 2-4, S. 265–291,
           2005

[BRH⁺16]   BARTELS, A. ; ROHLFS, M. ; HAMEL, S. ; SAUST, F. ; KLAUSKE, L. K.:
           Lateral Guidance Assistance. In: *Handbook of Driver Assistance Systems*. S.
           1207–1233. Springer International Publishing, 2016

[BZKHK11]  BOSSDORF-ZIMMER, J. ; KOLLMER, H. ; HENZE, R. ; KÜCÜKAY, F.: Fin-
           gerprint des Fahrers zur Adaption von Assistenzsystemen. In: *ATZ - Automo-
           biltechnische Zeitschrift* 113, Nr. 3, S. 226–231, 2011

[Cub58]    CUBE, F. von: *Kybernetische Grundlagen des Lernens und Lehrens*. Klett-
           Cotta, 1958

[DBE14]    DIBA, F. ; BARARI, A. ; ESMAILZADEH, E.: Handling and safety enhan-
           cement of race cars using active aerodynamic systems. In: *Vehicle system
           dynamics* 52, Nr. 9, S. 1171–1190, 2014

[Deu13]    DEUTSCHES INSTITUT FÜR NORMUNG E. V.: *Straßenfahrzeuge – Fahr-
           zeugdynamik und Fahrverhalten – Begriffe*. 2013

[Don12]    DONGES, E.: Fahrerverhaltensmodelle. In: *Handbuch Fahrerassistenzsyste-
           me*. S. 15–23. Vieweg+Teubner Verlag, 2012

[Don16]    DONGES, E.: Driver Behavior Models. In: *Handbook of Driver Assistance
           Systems*. S. 19–33. Springer International Publishing, 2016

[Dud18]    DUDENREDAKTION: *„Mentor" auf Duden online*. URL: https:
           //www.duden.de/node/698559/revisions/1658646/view (Abrufdatum:
           24.05.2018), 2018

[ECE08]    ECE: *Regelung Nr. 79 der Wirtschaftskommission der Vereinten Nationen
           für Europa (UN/ECE) - Einheitliche Bedingungen für die Genehmigung der
           Fahrzeuge hinsichtlich der Lenkanlage*. Beuth Verlag, Berlin, 2008

[ECL⁺16]   ERCAN, Z. ; CARVALHO, A. ; LEFEVRE, S. ; BORRELLI, F. ; TSENG, H. E.
           ; GOKASAN, M.: Torque-based steering assistance for collision avoidance
           during lane changes. In: *Advanced Vehicle Control: Proceedings of the 13th
           International Symposium on Advanced Vehicle Control (AVEC'16)*, 2016

[Erl15]    ERLIEN, S. M.: *Shared vehicle control using safe driving envelopes for
           obstacle avoidance and stability*. Ph.D. Thesis, Stanford University, 2015

[FAI⁺16]   FLEMISCH, F. ; ABBINK, D. ; ITOH, M. ; PACAUX-LEMOINE, M.-P. ; WE-
           SSEL, G.: Shared control is the sharp end of cooperation: towards a common
           framework of joint action, shared control and human machine cooperation.
           In: *IFAC-PapersOnLine* 49, Nr. 19, S. 72–77, 2016

[Föl94]     FÖLLINGER, O.: *Optimale Regelung und Steuerung: Mit 7 Tabellen und 16 Übungsaufgaben mit genauer Darstellung des Lösungsweges*. 3. Auflage. Oldenbourg, 1994

[FWBB16]    FLEMISCH, F. ; WINNER, H. ; BRUDER, R. ; BENGLER, K.: Cooperative Guidance, Control, and Automation. In: *Handbook of Driver Assistance Systems*. S. 1471–1481. Springer International Publishing, 2016

[GK17]      GUNDLACH, I. ; KONIGORSKI, U.: Eine modellbasierte Rundenzeitoptimierung für seriennahe Fahrzeuge. In: *8. VDI/VDE-Fachtagung AUTOREG 2017 - Automatisiertes Fahren und vernetzte Mobilität*, 223—234, 2017

[GKMBS09]   GERDTS, M. ; KARRENBERG, S. ; MÜLLER-BESSLER, B. ; STOCK, G.: Generating locally optimal trajectories for an automatically driven car. In: *Optimization and Engineering* 10, Nr. 4, S. 439, 2009

[GLB⁺10]    GAO, Y. ; LIN, T. ; BORRELLI, F. ; TSENG, E. ; HROVAT, D.: Predictive Control Of Autonomous Ground Vehicles With Obstacle Avoidance On Slippery Roads. In: *ASME Conference Proceedings, Dynamic Systems and Control Conference, Cambridge, MA*. S. 265–272. 2010

[Har87]     HAREL, D.: Statecharts: A visual formalism for complex systems. In: *Science of Computer Programming* 8, Nr. 3, S. 231–274, 1987

[Har16]     HARLEY, M.: *Volkswagen Autonomous Race Trainer Eliminates Driving Instructors*. Forbes Media LLC, url: http://www.forbes.com/sites/michaelharley/2016/10/10/volkswagen-autonomous-race-trainer-eliminates-driving-instructors/ (Abrufdatum 21.05.2018), 2016

[HBF⁺12]    HAKULI, S. ; BRUDER, R. ; FLEMISCH, F. O. ; LÖPER, C. ; RAUSCH, H. ; SCHREIBER, M. ; WINNER, H.: Kooperative Automation. In: *Handbuch Fahrerassistenzsysteme*. S. 641–650. Vieweg + Teubner, 2012

[HEG11]     HEISSING, B. ; ERSOY, M. ; GIES, S.: *Fahrwerkhandbuch: Grundlagen, Fahrdynamik, Komponenten, Systeme, Mechatronik, Perspektiven*. Vieweg+Teubner Verlag, 2011

[Hin13]     HINDIYEH, R. Y.: *Dynamics and Control of Drifting in Automobiles*. Ph.D. Thesis, Stanford University, 2013

[Hoc13]     HOCHREIN, P.: *Leistungsoptimale Regelung von Hochstromverbrauchern im Fahrwerk*. Disseration, Universität Kassel, kassel university press, 2013

[Hoe13]     HOEDT, J.: *Fahrdynamikregelung für fehlertolerante X-by-Wire-Antriebstopologien*. Dissertation, Technische Universität Darmstadt, epubli, 2013

[Hsu09]     HSU, Y.-H. J.: *Estimation And Control Of Lateral Tire Forces Using Steering Torque*. Ph.D. Thesis, Stanford University, 2009

[IBB+09] ISERMANN, R. ; BENDER, E. ; BRUDER, R. ; DARMS, M. ; SCHORN, M. ; STÄHLIN, U. ; WINNER, H.: Antikollisionssystem PRORETA: Integrierte Lösung für ein unfallvermeidendes Fahrzeug. In: *Handbuch Fahrerassistenzsysteme*. S. 632–646. Vieweg+Teubner, 2009

[ISO17] ISO: *ISO 17361:2017 Intelligent transport systems - Lane departure warning systems - Performance requirements and test procedures*. Beuth Verlag, Berlin, 2017

[KHG16] KEGELMAN, J. C. ; HARBOTT, L. K. ; GERDES, J. C.: Insights into vehicle trajectories at the handling limits: Analysing open data from race car drivers. In: *Vehicle System Dynamics* 55, Nr. 2, S. 191–207, 2016

[KMHE13] KLEIN, M. ; MIHAILESCU, A. ; HESSE, L. ; ECKSTEIN, L.: Einzelradlenkung des Forschungsfahrzeugs Speed E. In: *ATZ-Automobiltechnische Zeitschrift* 115, Nr. 10, S. 782–787, 2013

[Kri12] KRITAYAKIRANA, K.: *Autonomous vehicle control at the limits of handling*. Ph.D. Thesis, Stanford University, 2012

[Kro08] KRON, F. W.: *Grundwissen Didaktik*. Ernst Reinhardt Verlag, 2008

[Kru15] KRUMM, M.: *Driving On The Edge - The Art and Science of Race Driving - Revised and Updated Second Edition*. 2. Icon Publishing Limited, 2015

[Küh10] KÜHNEL, W.: *Differentialgeometrie: Kurven - Flächen - Mannigfaltigkeiten*. 5., aktualisierte Aufl. Vieweg + Teubner, 2010

[LMH+18] LUDWIG, J. ; MARTIN, M. ; HORNE, M. ; FLAD, M. ; VOIT, M. ; STIEFELHAGEN, R. ; HOHMANN, S.: Driver observation and shared vehicle control: supporting the driver on the way back into the control loop. In: *at-Automatisierungstechnik* 66, Nr. 2, S. 146–159, 2018

[Lop01] LOPEZ, C.: *Going faster! Mastering the art of race driving*. Bentley Publishers, 2001

[Lun10a] LUNZE, J.: *Regelungstechnik 1*. Springer Berlin Heidelberg, 2010

[Lun10b] LUNZE, J.: *Regelungstechnik 2*. Springer Berlin Heidelberg, 2010

[Mar86] MARTIAL, I. von: *Theorie allgemeindidaktischer Modelle*. Böhlau Verlag, 1986

[MB11] MATTINGLEY, J. ; BOYD, S.: CVXGEN: a code generator for embedded convex optimization. In: *Optimization and Engineering* 13, Nr. 1, 1–27, 2011

[Mit03] MITSCHKE, M.: *Dynamik von Kraftfahrzeugen*. 4. Auflage. Springer, 2003

[MMK+08] MUKAI, M. ; MURATA, J. ; KAWABE, T. ; NISHIRA, H. ; TAKAGI, Y. ; DEGUCHI, Y.: Optimal Path Generation for Automotive Collision Avoidance Using Mixed Integer Programming. In: *SICE Journal of Control, Measurement, and System Integration* Bd. 1, No. 3. S. 222–226. 2008

[Ngu16]   NGUYEN, V.:   *Volkswagen Race Trainer Self-Driving and Aug-mented Reality hands-on.*   YouTube LLC, url: https://youtu.be/5wPoGc8Z2q4 (Abrufdatum 21.05.2018), 2016

[NHL+16]   NI, J. ; HU, J. ; LI, X. ; XU, B. ; ZHOU, J.: G-G Diagram Generation Based on Phase Plane Method and Experimental Validation for FSAE Race Car. In: *SAE Technical Paper 2016-01-0174*, SAE International, 2016

[NWS15]   NISHIMURA, R. ; WADA, T. ; SUGIYAMA, S.: Haptic Shared Control in Stee-ring Operation Based on Cooperative Status Between a Driver and a Driver Assistance System. In: *Journal of Human-Robot Interaction* 4, Nr. 3, S. 19–37, 2015

[Par18]   PARKALGAR: *Motorsports Park Algarve.* Parkalgar Parques Tecnologicos e Desportivos S.A., URL: https://autodromodoalgarve.com/ (Abrufda-tum: 21.05.2018), 2018

[PB12]   PACEJKA, H. B. ; BESSELINK, I.: *Tire and vehicle dynamics.* 3rd edition. Butterworth-Heinemann, 2012

[PFE+08]   P. FALCONE ; F. BORELLI ; E. TSENG ; J. ASGARI ; D. HROVAT: Low Com-plexity MPC Schemes for Integrated Vehicle Dynamics Control Problems. In: *9th International Symposium on Advanced Vehicle Control.* 2008

[Pfe11]   PFEFFER, P.: *Lenkungshandbuch: Lenksysteme, Lenkgefühl, Fahrdynamik von Kraftfahrzeugen.* Morgan Kaufmann, 2011

[PK18]   PFEIFFER, J. ; KING, R.: Robust control of drag and lateral dynamic response for road vehicles exposed to cross-wind gusts. In: *Experiments in Fluids* 59:45, 2018

[PL96]   POST, J. W. ; LAW, E. H.: *Modeling, Characterization and Simulation of Automobile Power Steering Systems for the Prediction of On-Center Handling.* SAE International, 1996

[Ras16]   RASTE, T.: Vehicle Dynamics Control with Braking and Steering Interven-tion. In: *Handbook of Driver Assistance Systems.* S. 1007–1020. Springer International Publishing, 2016

[RWM16]   RATHGEBER, C. ; WINKLER, F. ; MÜLLER, S.: Kollisionsfreie Längs- und Quertrajektorienplanung unter Berücksichtigung fahrzeugspezifischer Poten-ziale. In: *at - Automatisierungstechnik* 64, Nr. 1, 2016

[SAE18]   SAE: *SAE J3016 Taxonomy and Definitions for Terms Related to Driving Automation Systems for On-Road Motor Vehicles.* Beuth Verlag, Berlin, 2018

[Sch09]   SCHMIDT, G.: *Haptische Signale in der Lenkung: Controllability zusätz-licher Lenkmomente.* Dissertation, Technische Universität Braunschweig, Deutsches Zentrum für Luft-und Raumfahrt, 2009

[Sch17]     SCHAARE, D.: *Identifikation und Konservierung eines markentypischen Lenk-gefühls*. Dissertation, Technische Universität Braunschweig, Shaker Verlag, 2017

[SHHK19]    SCHACHER, S. ; HANEBERG, J. ; HÖDT, J. ; KING, R.: Planungsadapti-on und Aktivierungsschranken zur Abstimmung von vertikal kooperierenden Fahrerassistenzsystemen. In: *at-Automatisierungstechnik* 67, Nr. 7, S. 557–571, 2019

[SHK18]     SCHACHER, S. ; HÖDT, J. ; KING, R.: Fahrerspezifische Geschwin-digkeitsprofile für die automatische oder die kooperative Fahrt. In: *at-Automatisierungstechnik* 66, Nr. 1, S. 53–65, 2018

[SK18]      SCHACHER, S. ; KING, R.: Konzept für Mentorensysteme – Neuarti-ge Fahrerassistenzsysteme am Beispiel Race Trainer. In: *34. VDI/VW-Gemeinschaftstagung Fahrerassistenzsysteme und automatisiertes Fahren 2018*, S. 283–298, 2018

[SP05]      SKOGESTAD, S. ; POSTLETHWAITE, I.: *Multivariable Feedback Control: Analysis*. Wiley, 2005

[The14]     THEODOSIS, P. A.: *Path planing for an automated vehicle using professional racing techniques*. Ph.D. Thesis, Stanford University, 2014

[TMN11]     TOYOTA ; MINASE, Y. ; NAKAI, K.: *DE112011103460: Fahrunterstützungs-system und Fahrunterstützungsverfahren*. Patent, 2011

[VE16]      VAN ENDE, K.: *Fahrzeugbewertung im Lenkwinkel-Kleinsignalbereich*. Dis-sertation, Technische Universität Braunschweig, Shaker Verlag, 2016

[Vol84]     VOLKSWAGEN AG: *Bericht über das Geschäftsjahr 1983*. 1984

[Vol07]     VOLKSWAGEN AG: *Selbststudienprogramm 399: Die elektro-mechanische Lenkung mit Achs-Parallelem Antrieb (APA)*. 2007

[Vol18]     VOLKSWAGEN AG: *Future Mobility Day in Ehra-Lessien*. URL: https://www.discover-stf18.com/future-mobility-day/ (Abrufda-tum: 17.07.2018), 2018

[Vol19]     VOLKSWAGEN AG: *Research Vehicle Race Trainer*. URL: https://www.volkswagenag.com/en/group/research/research-vehicles.html (Abrufdatum: 08.05.2019), 2019

[Wal09]     WALDMANN, P.: *Entwicklung eines Fahrzeugführungssystems zum Erlernen der Ideallinie auf Rennstrecken*. Dissertation, Technische Universität Cottbus, Shaker Verlag, 2009

[Wer10]     WERLING, M.: *Ein neues Konzept für die Trajektoriengenerierung und -stabilisierung in zeitkritischen Verkehrsszenarien*. Dissertation, Karlsruher Institut für Technologie, KIT Scientific Publishing, 2010

[WHLS16] WINNER, H. ; HAKULI, S. ; LOTZ, F. ; SINGER, C.: *Handbook of driver assistance systems: Basic information, components and systems for active safety and comfort*. Springer International Publishing, 2016

[Wie48] WIENER, N.: Cybernetics. In: *Scientific American* 179, Nr. 5, S. 14–19, 1948

[WP05] WEGSCHEIDER, M. ; PROKOP, G.: Modellbasierte Komfortbewertung von Fahrerassistenzsystemen. In: *Erprobung und Simulation in der Fahrzeugentwicklung* Bd. 1900, S. 17–36, VDI-Verlag, 2005

[WST16] WADA, T. ; SONODA, K. ; TADA, S.: Simultaneous Achievement of Supporting Human Drivers and Improving Driving Skills by Shared and Cooperative Control. In: *IFAC-PapersOnLine* 49, Nr. 19, S. 90–95, 2016

[WZKT10] WERLING, M. ; ZIEGLER, J. ; KAMMEL, S. ; THRUN, S.: Optimal trajectory generation for dynamic street scenarios in a frenet frame. In: *Robotics and Automation (ICRA), 2010 IEEE International Conference on* IEEE, S. 987–993, 2010

# Anhang

## A.1 Recheneffiziente Längsruckbegrenzung

Der Längsruck ist die Änderung der Längsbeschleunigung nach der Zeit und ist trägheitsbedingt limitiert. Die Begrenzung des Längsrucks $\dot{a}_x$ ist sowohl aus technischen als auch aus didaktischen Gründen notwendig. Da kein abrupter Wechsel von Beschleunigung auf Verzögerung und umgekehrt möglich ist, müssen die technischen Limitationen des Fahrzeugs im Geschwindigkeitsprofil berücksichtigt werden. Es kann auch eine geringere Grenze für den Längsruck

$$\dot{a}_{x,\text{lim}} \leq \dot{a}_{x,\text{max}} \tag{1}$$

vorgegeben werden, um ein ruckärmeres Profil zu erhalten. Für den Lernprozess eines Anfängerfahrers ist es beispielsweise hilfreich, den Längsruck künstlich einzuschränken. Dadurch lässt das Referenzprofil mehr Zeit für den Wechsel von Gas- zu Bremspedal. Der Wert $\dot{a}_{x,\text{lim}}(s)$ wird deswegen zusätzlich in den Parametersatz in Gleichung (4.17) aufgenommen.

Abbildung A.1 zeigt den gewünschten Effekt. Erneut ist $v_{x,\text{max}}$ das stationäre Maximum und $v_{x,\text{RI}}$ das Ergebnis der Vorwärts- und Rückwärtsintegration. Durch die Begrenzung des Längsrucks entsteht $v_{x,\text{ref}}$, welches hier mit einem reduzierten Ruck von $\dot{a}_{x,\text{lim}} = 5\text{m/s}^3$ erzeugt wurde ($\dot{a}_{x,\text{max}} \approx 7\text{m/s}^3$). Das bedeutet, dass es vier Sekunden benötigt, um von voller Beschleunigung auf volle Verzögerung zu wechseln. Dies fällt besonders bei den „abgeflachten" Spitzen auf, die durch die Begrenzung des negativen Längsrucks entstehen. Aber auch der positive Längsruck in $v_{x,\text{RI}}$ ist zu groß, da bei den Kurvenausgängen ($s = 120\,\text{m}$ und $s = 220\,\text{m}$) das Referenzprofil darunter liegt.

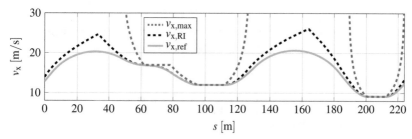

**Abbildung A.1:** Begrenzung des positiven und negativen Längsrucks mit $\dot{a}_{x,\text{lim}} = 5\text{m/s}^3$.

In Abschnitt 2.2.4 wurde erläutert, dass der Längsruck über eine nachgelagerte Prüfung beschränkt werden kann. Besonders für kleine $\dot{a}_{x,\text{max}}$ kostet diese Prüfung viel Rechenzeit durch viele notwendige Iterationsschritte. Die Referenzgeschwindigkeit soll während der

© Springer Fachmedien Wiesbaden GmbH, ein Teil von Springer Nature 2019
S. Schacher, *Das Mentorensystem Race Trainer*, AutoUni – Schriftenreihe 141,
https://doi.org/10.1007/978-3-658-28135-9

Versuchsdurchführung an den Erfahrungsschatz des Fahrers angepasst werden. Dafür muss die Rechenzeit deutlich reduziert werden, was durch die Einführung von zwei neuen Berechnungsschritten möglich ist. Die Begrenzung des positiven Längsrucks wird, rechenzeitoptimal, direkt in die Berechnung des Referenzprofils integriert und der Rechenaufwand für die nachgelagerte Beschränkung des negativen Längsrucks wird reduziert. Letztere erfolgt über die Lösung eines numerischen Anfangswertproblems.

### A.1.1 Begrenzung des positiven Längsrucks

Für den Berechnungsalgorithmus kann die Beschränkung des Längsrucks in zwei Vorgänge aufgeteilt werden: den Wechsel vom Gaspedal zum Bremspedal nach Erreichen der Höchstgeschwindigkeit zwischen zwei Kurven und dem Reduzieren des Bremsdrucks mit Wechsel zur Beschleunigung am Kurvenscheitelpunkt. Letztere Begrenzung lässt sich direkt in den bisher vorgestellten Algorithmus integrieren und wird zuerst für die Vorwärtsintegration erläutert. Der Längsruck ist definiert als die Änderung der Beschleunigung nach der Zeit und kann durch

$$\dot{a}_\mathrm{x} = \frac{a_\mathrm{x}(s(t_i)) - a_\mathrm{x}(s(t_{i-1}))}{\Delta t}$$

über einen Differenzenquotient angenähert werden. Für die Vorwärtsintegration ist somit durch

$$a_\mathrm{x}(s(t_i)) = a_\mathrm{x}(s(t_{i-1})) + \dot{a}_\mathrm{x} \cdot \Delta t$$

die Veränderung der Beschleunigung zwischen zwei Iterationsschritten mit der noch zu ermittelnden Zeitschrittweite $\Delta t$ festgelegt. Der Zeitschritt muss variiert werden, damit der nächste Bahnpunkt $s_i$ genau erreicht wird, wobei $s(t_{i-1})$ genau dem Punkt $s_{i-1}$ entspricht. Der über

$$a_\mathrm{x,Ruck}^*(s_i) = a_\mathrm{x}(s_{i-1}) + \dot{a}_\mathrm{x,lim} \cdot \Delta t_{v_\mathrm{x},a_\mathrm{x}}(s_{i-1}) \tag{2}$$

berechnete, maximal erlaubte Beschleunigungskandidat wird als zusätzliche Limitierung an das, aus Gleichung (4.15) resultierende, $a_\mathrm{x}^*(s_i)$ gestellt. Mit

$$a_\mathrm{x}^*(s_i) = \min(a_\mathrm{x,Ruck}^*(s_i), a_\mathrm{x}^*(s_i)) \tag{3}$$

kann bei der Vorwärtsintegration der Längsruck berücksichtigt werden. Der noch unbekannte Zeitschritt $\Delta t$ kann aus dem vorherigen Berechnungsergebnis $a_\mathrm{x}(s_{i-1})$ und $v_\mathrm{x}(s_{i-1})$ und unter Zuhilfenahme der Weggleichung

$$s(t) = 0.5 \cdot a_\mathrm{x}(s(t)) \cdot t^2 + v_\mathrm{x}(s(t)) \cdot t + s_0$$

ermittelt werden. Wie bisher wird angenommen, dass die Beschleunigung stückweise konstant ist, um die folgenden Gleichungen zu vereinfachen. Dies widerspricht zwar der Forderung nach einem geglätteten Längsruck, der dadurch eingeführte Berechnungsfehler ist aber

vernachlässigbar und wird nicht von der Fahrzeugdynamik aufgegriffen. So kann die Weggleichung für den Anfangs- und den Endpunkt vereinfacht und nach dem Weginkrement

$$\Delta s = s(t_i) - s(t_{i-1}) \tag{4}$$

$$\Leftrightarrow \Delta s = 0.5 \cdot a_x(s_{i-1}) \cdot \Delta t^2 + v_x(s_{i-1}) \cdot \Delta t$$

aufgestellt werden. Die Umformung nach $\Delta t$ führt zu einer quadratischen Gleichung die
über eine Fallunterscheidung nach $a_x$

$$\Delta t_{v_x,a_x}(s_j) = \begin{cases} \dfrac{\Delta s}{v_x(s_j)} & , \quad a_x = 0 \\[2ex] -\dfrac{v_x(s_j)}{a_x(s_j)} + \sqrt{\dfrac{v_x(s_j)^2}{a_x(s_j)^2} + \dfrac{2 \cdot \Delta s}{a_x(s_j)}} & , \quad a_x > 0 \\[2ex] -\dfrac{v_x(s_j)}{a_x(s_j)} - \sqrt{\dfrac{v_x(s_j)^2}{a_x(s_j)^2} + \dfrac{2 \cdot \Delta s}{a_x(s_j)}} & , \quad a_x < 0 \end{cases} \tag{5}$$

gelöst wird. Für die Rückwärtsintegration kann die Zeitdifferenz nicht genau ermittelt werden, da die dafür benötigten $a_x(s_{i-1})$ und $v_x(s_{i-1})$ erst durch die Rückwärtsiteration berechnet werden. Es steht, als nächste Näherung, nur die Zeit auf dem Teilstück $\Delta s = s_{i+1} - s_i$ zur
Verfügung. Dadurch entsteht ein Berechnungsfehler, der für geringe Geschwindigkeiten bei
hoher Beschleunigung am größten wird. Die Beschleunigung muss durch

$$a^*_{x,\text{Ruck}}(s_{i-1}) = a_x(s_i) - \dot{a}_{x,\text{lim}} \cdot \Delta t_{v_x,a_x}(s_i) \tag{6}$$

$$a^*_x(s_{i-1}) = \max(a^*_{x,\text{Ruck}}(s_{i-1}), a^*_x(s_{i-1})) \tag{7}$$

beschränkt werden, damit $a^*_x$ sich nicht zu schnell ändert.

### A.1.2 Begrenzung des negativen Längsrucks

Die Geschwindigkeitsverläufe zeigen ohne Beschränkung des Längsrucks beim Wechsel
von Beschleunigen zu Verzögern spitz zulaufende Schnittpunkte wie in Abbildung 2.17 (a).
Gewünscht sind rundliche Übergange wie in Abbildung 2.17 (b). Die Berücksichtigung des
negativen Längsrucks lässt sich nicht direkt in den Algorithmus einbringen, da zu Beginn
der Berechnung nicht bekannt ist, ab wann von Beschleunigen zu Verzögern gewechselt werden muss. Zusätzlich erschwert der Zusammenhang zwischen Geschwindigkeit, Weg und
der benötigten Zeit die Ruckbegrenzung. Wird ein Teilsegment langsamer durchfahren, erhöht sich die Zeit in diesem Segment. Da der Längsruck als Ableitung der Beschleunigung
nach der Zeit definiert ist, kann bei langsameren Geschwindigkeiten ein größerer Unterschied zwischen der Anfangs- und der Endbeschleunigung im Teilsegment resultieren. Das
in Abschnitt 2.2.4 skizzierte Verfahren berücksichtigt deswegen nur benachbarte Punkte und
muss mehrfach über alle Punkte iterieren. Das folgend vorgestellte „Shooting"-Verfahren
berücksichtigt durch die numerische Lösung eines Anfangswertproblems ebenfalls nur benachbarte Punkte, aber es reicht eine einzige Iteration über das Geschwindigkeitsprofil. Dadurch lässt sich die Rechenzeit nach oben begrenzt abschätzen.

Die Berechnung wird auf die Lösung eines Anfangswertproblems überführt, um den Beginn eines Längsruckwechsels zu ermitteln. Ab jedem Punkt $s_i$ mit $i \in [0, 1, \ldots, n]$ des Originalprofils wird numerisch der mögliche zukünftige Geschwindigkeitsverlauf $v_x^*(s_{i+k})$ mit $k \in [0,1, \ldots, n]$ berechnet, der, unter Berücksichtigung des Rucks, immer stärker verzögert und dadurch wie ein Schlauch abknickt. Überbrückt man dabei zwei, zuvor eckig verbundene Punkte des Geschwindigkeitsprofils, ist der Anfangspunkt gefunden. Bei Überschreiten des Endpunkts muss wieder der Anfang der Strecke referenziert werden. Der dafür geeignete Modulo-Operator wird in der folgenden Schreibweise vernachlässigt, es gilt $s_{i+k} = s_{\mathrm{mod}(i+k,n)}$. Mit den Anfangsbedingungen

$$a_x^*(s_{i+k}) = a_x(s_i) \, , \, k = 0 \tag{8}$$

$$v_x^*(s_{i+k}) = v_x(s_i) \, , \, k = 0 \tag{9}$$

und der Berechnungsformel der durch den maximal erlaubten negativen Längsruck $-\dot{a}_{x,\mathrm{max}}$ bestimmten Beschleunigung für $k > 0$

$$a_x^*(s_{i+k}) = a_x^*(s_{i+k-1}) - \dot{a}_{x,\mathrm{lim}} \cdot \Delta t_{v_x^*,a_x^*}(s_{i+k-1}) \tag{10}$$

lässt sich der Geschwindigkeitsverlauf durch

$$v_x^*(s_{i+k+1}) = v_x^*(s_{i+k}) + a_x^*(s_{i+k}) \cdot \Delta t_{v_x^*,a_x^*}(s_{i+k}) \tag{11}$$

ermitteln. Die Laufvariable $k$ wird so lange inkrementiert, bis das originale Geschwindigkeitsprofil durch den abknickenden, neuen Verlauf getroffen oder überschritten wird

$$v_x^*(s_{i+k}) \geq v_x(s_{i+k}) \, , \, k > 1, \tag{12}$$

oder die Abbruchkriterien

$$k \geq n \tag{13}$$

$$v_x^*(s_{i+k}) \leq 0 \, \mathrm{m/s} \, , \, k > 0 \tag{14}$$

$$a_x^*(s_{i+k}) < -1\mathrm{g} = -9.81 \, \mathrm{m/s}^2 \, , \, k > 0 \tag{15}$$

erreicht werden. Über die Gleichungen (13), (15) und (14) wird gewährleistet, dass die numerische Berechnung aufhört, wenn der Ausgangspunkt erreicht ist oder die Geschwindigkeit und Beschleunigung zu niedrig werden. In diesen Fällen kann das unbeschränkte Profil nicht mehr gekreuzt werden und die Berechnung wird mit einem inkrementierten Startindex $i = i+1$ neu gestartet. Treten die nach Bedingung (12) gewünschten Überschneidungen mit dem unbeschränkten Geschwindigkeitsprofil auf, ist die grobe Position vom Anfangspunkt der Ruckbegrenzung identifiziert. Da in der Regel die Zielgeschwindigkeit nicht genau getroffen wird, ist nur bekannt, dass der Anfangspunkt im Teilintervall $s \in s_{i-1} \ldots s_i$ liegen muss.

Eine Variation des Anfangspunktes ist im vorgestellten Algorithmus nicht direkt möglich, der Effekt kann aber durch eine Veränderung der Anfangsbeschleunigung reproduziert werden. In dem man die Anfangswertsuche mit einem modifizierten

$$a_x^*(s_{i+k}) = \tilde{a}_x(s_i) \, , \, k = 0 \tag{16}$$

startet, kann der negative Beschleunigungswechsel effektiv schon im Abtastpunkt davor beginnen. Die Anfangsbeschleunigung wird dafür zwischen dem ursprünglichen Wert und einer unteren Grenze $\tilde{a}_{x,min}(s_i)$ variiert. Die untere Grenze der Anfangsbeschleunigung ist wieder durch die längsruckbegrenzte Beschleunigungsänderung zum vorherigen Abtastpunkt festgelegt. Mit

$$\tilde{a}_{x,min}(s_i) = a_x(s_{i-1}) - \dot{a}_{x,lim} \cdot \Delta t_{v_x,a_x}(s_{i-1}) \tag{17}$$

kann ein mathematisches Suchverfahren nun die Anfangsbeschleunigung im Bereich

$$\tilde{a}_x(s_i) \in a_x(s_i) \ldots \tilde{a}_{x,min}(s_i) \tag{18}$$

variieren und die Lösung des Anfangswertproblems mit der modifizierten Nebenbedingung (16) berechnen. Die Anfangsbeschleunigung ist gefunden, wenn die Endgeschwindigkeit genau getroffen wird. Wenn mit dem angepassten Startwert $a_x^*(s_{i+0}) = \tilde{a}_x(s_i)$ die Gleichung

$$v_x^*(s_{i+k}|\tilde{a}_x(s_i)) = v_x(s_{i+k}) \, , \, k > 1 \tag{19}$$

erfüllt ist, kann davon ausgegangen werden, dass auf dem Streckenintervall $s \in s_i \ldots s_{i+k}$ der Längsruck eingehalten wird. Die für die Lösung des Anfangswertproblems bereits berechneten Werte von $v_x^*$ und $a_x^*$ können direkt übernommen werden.

$$v_{x,ref}(s_j) = v_x^*(s_j) \, , \, \forall j \in i \ldots i+k$$
$$a_{x,ref}(s_j) = a_x^*(s_j) \, , \, \forall j \in i \ldots i+k$$

Der Startindex $i$ kann anschließend direkt zum Index $i = i+k$ inkrementiert werden.

Abbildung A.2 zeigt eine erfolgreich abgeschlossene Anfangswertsuche für die Ruckbegrenzung $\dot{a}_{x,max} = 7 \text{ m/s}^3$. In allen drei Diagrammen sind die Werte vor der Begrenzung des Rucks gestrichelt und die Verläufe nach der Ruckbegrenzung durchgezogen gezeichnet. In den oberen zwei Diagrammen sind die Zwischenergebnisse der Anfangswertberechnung gepunktet dargestellt. Im oberen Diagramm wird die unbeschränkte Referenzgeschwindigkeit mit dem berechneten Verlauf von $v_x^*$ überbrückt. Im mittleren Diagramm zeigt $a_x^*$ eine Verbindung der Anfangs- und Endbeschleunigung, welche die notwendige Ruckbegrenzung berücksichtigt. Dies ist anhand der unteren Darstellung des Längsrucks im original und im modifizierten Geschwindigkeitsprofil überprüfbar. Der resultierende Ruck trifft exakt den geforderten Wert und liegt am letzten Abtastpunkt innerhalb der geforderten Beschränkung. Am Ruck des ersten Berechnungspunktes sieht man das Ergebnis der Anfangswertsuche, denn dieser ist ebenfalls kleiner als die maximal zugelassene Begrenzung und $a_x^*(s_i)$ damit innerhalb des erlaubten Intervalls.

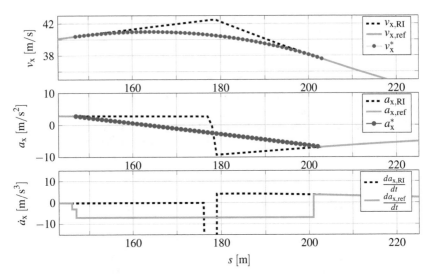

**Abbildung A.2:** Lösung des Anfangswertproblems für $\dot{a}_{\mathrm{x,max}} = 7\mathrm{m/s}^3$.

## A.2 Potenzieller Effekt eines Fahrertrainings auf die Verkehrssicherheit

Bei einem Rennstreckentraining kann sich der Fahrer Fahrtechniken aneignen, die sich insbesondere in der Ausnutzung des Gesamtbeschleunigungspotentials des Fahrzeug zeigen. Die in Kapitel 4 vorgestellte Planung von fahrerindividuellen Geschwindigkeitsprofilen kann den gewünschten Effekt visualisieren. Abbildung A.3 (a) zeigt vier mögliche „g-g"-Profile, die unterschiedliche Bremsstile nachbilden. Für die Erläuterung wurden daraus vier Geschwindigkeitsprofile auf dem in Abbildung A.3 (b) gezeigten Abschnitt einer Rennstrecke mit einer Geschwindigkeitsgrenze von $50\,\mathrm{m/s} = 180\,\mathrm{km/h}$ und einem Längsruck von $6\,\mathrm{m/s}^3$ berechnet.

Das bereits in Kapitel 4.2.2 gezeigte, schwarz gestrichelte Profil Par0 in Abbildung A.3 (a) entspricht erneut dem Können eines Rennfahrers. Das grün eingezeichnete Profil Par3 entspricht einer Fahrweise, bei der vom Probanden nicht besonders kräftig, dafür aber weit in die Kurve hinein mit unverändertem Bremsdruck gebremst wird. Mit dem rot punktiert dargestelltem Par4 wird ein konkaves Bremsprofil gezeigt, das in dieser Arbeit als Zwischenschritt zur Fahrweise eines Profis diskutiert wurde und einem Lernziel des Assistenzsystems entspricht. Mit der zusätzlich blau punktiert gestrichelt eingezeichneten Parametrierung Par5 wird ein, von Automobilclubs oft im Lehrplan eines Sondertrainings gelehrtes, extrem spitzes Bremsverhalten nachgebildet. Dem Schüler wird dort teilweise empfohlen seine Geschwindigkeit mit einem kräftigen Bremsmanöver auf gerader Strecke zu verringern und die Bremse komplett zu lösen sobald in die Kurve eingelenkt wird. Damit bleibt das Fahrzeug beherrschbarer, aber es muss sehr früh gebremst werden, wie Abbildung A.4

zeigt. Zur Illustration des Zeitgewinns bei perfektem Bremsverhalten sind alle vier Profile nicht über dem Weg, sondern über der Zeit dargestellt, wobei für alle der Zeitpunkt null am Kurvenscheitelpunkt festgelegt wurde. Die farbigen Punkte markieren die Zeitpunkte, an denen die Profile die in Abbildung A.3 (b) gezeigten Streckenmeter erreichen. Die bei Sekunde $-1$ beinahe übereinanderliegenden Punkte gehören dementsprechend zu der 900 m-Marke, die zwischen Sekunde $-5$ und $-3$ streuenden Punkte zu der 800 m-Marke.

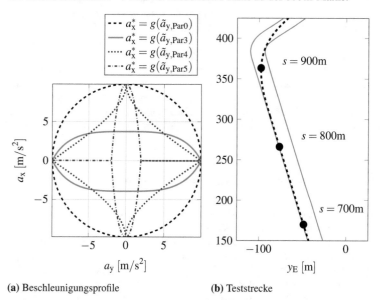

(a) Beschleunigungsprofile  (b) Teststrecke

**Abbildung A.3:** Unterschiedliche Beschleunigungstypen und zur Evaluation genutzte Teststrecke

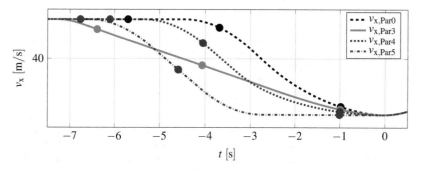

**Abbildung A.4:** Bremszeit bei unterschiedlichen Ausnutzungen des Kamm'schen Kreises

Es kann abgelesen werden, wie viele Sekunden vor Erreichen des Scheitelpunkts die Bremsung einzuleiten ist. Zwischen den vier Profilen liegen dreieinhalb Sekunden, wobei das Profil Par3 den längsten Bremsweg aufweist. Gleichzeitig hat es kurz vor dem Scheitelpunkt die zweithöchste Geschwindigkeit und damit eine geringe fahrdynamische Reserve. Es ist damit in diesem Vergleich das schlechteste Bremsverhalten. Das spitze Profil Par5 hat zwar einen sehr kurzen Bremsweg, dafür aber den zweit frühesten Bremsbeginn. Das Rennfahrerprofil Par0 zeigt das zeitliche Optimum für diese Kurve, stellt aber insgesamt hohe Anforderungen an den Fahrer. Das, den Lehrinhalten dieser Arbeit entsprechende, Profil Par4 hat ähnliche positive Eigenschaften wie das Rennfahrerprofil, ist aber durch die reduzierte Kombination aus Längs- und Querbeschleunigungen weiter von der Grenze der Fahrstabilität entfernt und dadurch einfacher zu beherrschen. Gegenüber dem ungeübten oder vorsichtigen (Automobilclub-) Profil kann bei dieser Fahrweise der Bremsvorgang beinahe zwei Sekunden später beginnen. Bezieht man dies zurück auf den Straßenverkehr sollte sich das gesteigerte Verständnis der Fahrzeugbeherrschung positiv auf die Verkehrssicherheit auswirken, da der Fahrer eine zusätzliche Zeitreserve beim Reagieren auf kritische Situationen hat.

## A.3 Indirekte Unterstützungsmöglichkeiten und Sicherheitskonzept

Die Forschungen zu optisch-akustischen Unterstützungsmaßnahmen wurden nicht vom Autor durchgeführt und zählen deswegen nicht zum Inhalt dieser Ausarbeitung, sie sollen aber trotzdem in Kürze illustriert werden. Das „Heads-Up-Display" ermöglicht es, den zukünftigen Verlauf der Ideallinie im Sichtfeld des Fahrers einzublenden, welches dadurch wie in einem Videospiel direkt auf dem Asphalt liegend erscheint, siehe Abbildung A.5. Akustische Einspielungen können sowohl Hinweise zur allgemeinen oder aktuellen Fahrweise geben und informieren den Fahrer durch eindeutige Basstöne über bevorstehende Bremszonen. Durch die Aufzeichnung der gesamten Fahrt kann nach dem Training eine detaillierte Auswertung seiner Trainingsperformance gegeben werden. Abbildung A.6 zeigt diese Analyse. Ebenso eignet sie sich dazu, die Eingriffe des Assistenzsystems zu visualisieren und so ein größeres Verständnis für die Gründe und den Effekt der Lenk- und Bremseingriffe zu erzeugen. Weiße Dreiecke neben dem Fahrzeug illustrieren, wie stark das Mentorensystem in der Lenkung unterstützt hat. Rote Dreiecke hinter dem Fahrzeug zeigen Bremseingriffe. In der dargestellten Situation hat der Fahrer beispielsweise zu früh eingelenkt, erkennbar an der weiß gestrichelten Linie, und wird deswegen mit leichtem Eingriff auf die Ideallinie gebracht, den der Fahrer auch als Momente am Lenkrad spürt.

Da es sich bei dem Versuchsträger um ein modifiziertes Fahrzeug mit prototypischem Forschungssystem handelt, sind zusätzliche Vorsichtsmaßnahmen zu treffen. Bei jedem Einsatz des Mentorensystem ist ein erfahrener Versuchsingenieur im Fahrzeug. Bei Schulungen erhält der zu trainierende Fahrer vorab eine Aufklärung über Fahrzeugmodifikationen, Trainingsablauf und die zu erwartenden Eindrücke. Um die Schulung mit aktiven Eingriffen zu initiieren, muss eine Startprozedur absolviert werden und das System ist nur so lange aktiv, wie der Versuchsingenieur einen Totmannschalter gedrückt hält. Lässt er diesen los, werden jegliche Ansteuerungen von Lenkrad und Gaspedal abgeschaltet und über das Bremssystem wird mit moderater Verzögerung das Fahrzeug zum Stehen gebracht. Alle Teilsysteme können bei Fehlfunktion vom Versuchsingenieur abgeschaltet werden, um das Fahrzeug sofort in einen seriennahen Zustand zu bringen. Damit dies nicht nötig ist, wird die Ansteuerung von Lenkung und Bremse über einen Zusatzrechner überwacht, der die Kommunikation und damit Eingriffe in die Fahrdynamik unterbinden kann. Damit die Fahrzeuginsassen das Ein- und Ausschalten der Aktorikansteuerung mitbekommen, spielen die Fahrzeuglautsprecher in diesen Fällen eindeutige Sprachausgaben in den Innenraum ein.

**Abbildung A.5:** Einblendung einer Ideallinie in den Sichtbereich des Fahrers

**Abbildung A.6:** Visualisierung von Fahrverlauf und erfolgter Fahrunterstützung

Printed in the United States
by Baker & Taylor Publisher Services